Python×API で動かして 学ぶ

AI活用 プログラミング

下山 輝昌・黒木 賢一・宮澤 慎太郎 [著]

秀和システム

本書サポートページ

- 秀和システムのウェブサイト
  https://www.shuwasystem.co.jp/
- 本書ウェブページ
  本書の学習用サンプルデータなどをダウンロード提供しています。
  https://www.shuwasystem.co.jp/support/7980html/7090.html

はじめに

　デジタルテクノロジーの民主化が急速に進んでいます。AIの論文が発表されてから世の中に出回るまでの速度は非常に早く、さらにその最先端の技術の多くはオープンソースやAPIとして簡単に手に入れたり使うことができるのは驚くばかりです。AI技術も例外ではなく、技術のハードルが大きく下がり私たちは難解なアルゴリズムが実装された技術を簡単に利用できるようになっています。そのため、AIアルゴリズムに精通して独自にAIを開発する専門家として極めていく道以外にも、既に開発済みのAIを活用する専門家になる道も拓けてきています。後者は、オープンソースやAPIとして提供されている既存のAIをうまく活用して素早くビジネスに貢献できる人材であり、技術の発展が著しく技術分野が多岐に渡る最近の潮流の中では重要性が増していきます。

　私たちは普段、AIなどのデジタル技術の活用を推進したDXプロジェクトを様々なクライアントの皆様と実施しています。私たちのお客様の中の多くは、AIなどのデジタルテクノロジーへの期待が膨らんでいる一方で、AIについて漠然としたイメージしかつかめておらず、なかなか活用のイメージが湧かないという悩みを抱えています。そんな時に私たちは、AIを簡単に作ってみることでテクノロジーを体験することをお勧めしています。なぜなら、実際に手を動かしてテクノロジーを体感している人と、そうでない人では、圧倒的に前者のほうが技術への理解度が高く、AIの活用検討でも解像度の高い議論や提案ができるからです。未知の技術は体験して初めて自分ごととして業務での活用アイデアを広げることができます。「こんなことができるのであればこういう業務に使ってみよう」などのアイデア創出はテクノロジー体験によって生まれるのです。

　一方で、プログラミングやAIは専門的な知識を持っている一部の人が作るイメージなのに加えて、いざ学ぼうとすると専門的な知識を必要とするAIプログラミングの本が大半で挫折してしまうことが多いのではないでしょうか。簡単に体験することのハードルは非常に高いと思っている方が大半だと思います。しかし、実際にはオープンソースやAPIを活用することによってAI技術を簡単に使えるようになっていますし、streamlitというPythonライブラリを使用すれば簡単にアプリを作成することもできるようになっており、まさにAIを体験するハードルが大きく下がっているのです。

　そこで本書では、画像認識や自然言語処理などの各分野でオープンソースやAPIとして提供されているAIを用いて、streamlitでアプリを作成することで、「AI

を簡単に使ってみること」を行っていきます。また、AIやアプリを理解しやすくするために、Input/Process/Outputを軸に説明をしていき、自分自身の基本の型として思考を身に着けていきましょう。AIもデータを作るProcessであり、どんなデータをInputして、どんなProcessを行い、どんなデータをOutputするのか、を押さえることでAI活用アイデアは広がっていきます。本書で掲載されている技術はごく一部にすぎません。AIを活用する際の考え方も同時に身に着けて、本書で紹介した技術に留まらず様々な技術でも適用できるようにしていきましょう。

❖本書の構成

本書は序章を除いて、各章はアプリ編と解説編の構成になっています。まずは、難しいことは考えずにアプリを動かしてみると動きが理解できます。その後、解説編でAIがどのようなデータをInput/Outputしているのかなどを中心に見ていきます。AI自体のアルゴリズムの説明はほぼ記載しておらず、難しい数学的な知識は必要ありません。AIがどんなデータを渡すとどのような結果を出力してくれるのかを押さえていきましょう。

本書ではGoogle Colaboratoryを用います。序章では、Google Colaboratoryの環境を整えつつ、Google Colaboratoryでstreamlitを使用する方法を押さえるために簡単な計算アプリを作成します。その後、1章から5章ではオープンソースを活用してAI技術を体験していきます。1章から3章までは画像系、4章/5章では言語系AIを取り扱います。6章/7章でAPIへと入っていきますが、ChatGPTで有名なOpenAI社のAPIを使用したアプリを作成していきます。APIは有料であることも多いので、まずはオープンソースで存分に遊んだ後にAPIに入っていく構成です。ただし、オープンソースであってもAPIであっても基本的にはAIの機能を押さえれば共通している部分が多いので、Input/Process/Outputを意識して進めてみてください。また、APIは仕様変更が多くすぐに陳腐化する場合もあります。本書の執筆時点（2023年8月）と変更された場合は動かなくなる場合もありますが、本書で学んだことをもとに調べていけば仕様変更に対応できると思います。こういった仕様変更に対応するのも重要なスキルなので、上手く動かないと思ったら仕様を見て自分なりに修正してみてください。

プログラミングはハードルが高いイメージがありますが、本書ではソースコードの中身の説明よりも動かすことに特化しつつ、最低限押さえるべきプログラミングしか行いません。繰り返しになりますが、それは「技術の体験」が重要だからで

す。本書を「読み」「実行して」みることで、いろんなプロジェクトが立ち上がり、新しいものがどんどん創られることを期待しています。なお、本書は様々なAI技術を「体験する」という点に重きを置いているため、一つ一つのAIについて深い技術的な解説までは行いません。もし本書をきっかけに面白いなと感じた技術が見つかりましたら、ぜひ該当領域の書籍や論文などをチェックして学びを深めていただければと思います。本書が単なる「技術」から「技術活用」への橋渡しになることを願っています。

❖動作環境

- ▶ Python：Python 3.10 (Google Colaboratory)
- ▶ Webブラウザ：Google Chrome

本書では、Google Colaboratoryを使用して進めていきます。

Colaboratory における Python のバージョンとインストールされている各ライブラリのバージョンは、本書執筆時点（2023年8月）において、以下の通りです。

- ▶ Python 3.10.12
- ▶ numpy 1.23.5
- ▶ pandas 1.5.3
- ▶ spacy 3.4.4
- ▶ ginza 5.1.2
- ▶ openai 0.28.0
- ▶ tensorflow_hub 0.14.0
- ▶ ultralytics 8.0.182
- ▶ PIL 9.4.0
- ▶ opencv-python　4.8.0.76
- ▶ torch 2.0.1+cu118
- ▶ mediapipe 0.10.5

❖サンプルソース

本書のサンプルは、以下からダウンロード可能です。
Google Drive にアップロードして、ご使用してください。

https://www.shuwasystem.co.jp/support/7980html/7090.html

Contents 目　次

Chapter 2 骨格や顔の部位を推定するAIで アプリを作ってみよう

序　章

本論に入る前に、本書で押さえるべきポイントを説明しつつ、本書を進めていく上での環境準備やHelloWorldを作成していきます。押さえるべきポイントとしては、AIを活用するとはどういうことなのかを説明しつつ、AIを活用するためのInput/Process/Outputの考え方の基本と本書でstreamlitをなぜ使うのかを押さえていきます。

その後、開発環境の準備として、Google Colaboratoryのセットアップの仕方やサンプルコードのアップロードの方法を説明します。最後に簡単な計算アプリを作成してstreamlitの使い方やアプリの考え方の基本を実践していきます。ここでは、AIを活用しませんが、Input/Process/Outputの考え方に沿って、アプリ開発を説明していきます。

Section 0-1 AIを活用するとは何か

　AIによる音声でニュースを放送している番組も増えてきており、AIという言葉が日常に降りてきています。また、**ChatGPT**はあらゆる分野で衝撃を与えており、文章を作成するなどの人間にしかできないと思われていたタスクの一部をAIが行える時代が到来してきています。もはやAIを業務や自分のタスクで活用するということは誰にとっても必要な素養になってきています。DXなどのプロジェクトに携わっている人にとってはなおさら他人事では済みません。

　しかし、AIという言葉は定義があいまいで、「AIを使えばなんでもできる」のようなAI神話や「AIなんて使えない」などの言葉を多く耳にすることが多く、これらはどちらにおいても正しくAIというものを深堀りできていないからなのではないかと感じています。

　それもそのはず、AIというと専門的な数学の知識を持っている一部の人が作るイメージなのに加えて、いざAIを学ぼうとすると専門的な知識を必要とするAIプログラミングの本が大半で挫折してしまうことが多いです。

　また、AIを扱ったビジネス書では、事例やAIの原理はなんとなくイメージできますが、AIの中身を理解できていないので、いざ自分の業務で使おうとすると自分ごととして発想するのがなかなか難しいのが実情です。実際に、私たちのお客様でも、AIなどのデジタルテクノロジーへの期待が膨らんでいる一方で、どう扱って良いかわからないという声が多くを占めます。

　では、今、一体何が必要なのでしょうか。

　それは、AIを体験することです。これは新しいテクノロジーが出てきた際には共通して言えることですが、未知の技術は体験して初めて自分ごととして業務での活用アイデアを広げることができます。「こんなことができるのであればこういう業務に使ってみよう」などのアイデア創出はテクノロジー体験によって生まれるのです。そして、この未知の技術をいち早く体験することが重要になってくると私たちは考えています。実際に、お客様にAIのデモを見せることで、アイデアが膨

らみ活発な議論を生み出すことができるのは実証済みです。

　それでは、AIを体験するためにはどうするかというと、難しいことは置いておいてアプリを動かしてみる。さらには、そのアプリでAIが何をやっているかを理解することです。AIはあくまでもコンピューターにおける処理（Process）の一部です。つまり、AIだからといって特別難しいわけではなく、「AIにどういうデータを渡して（Input）」「AIがどんな処理をして（Process）」「AIはどんな値を返してくれるのか（Output）」を理解すれば良いのです。

　例えば、掛け算アプリを作成することを考えてみましょう。掛け算は2つの数字をインプットして、処理として掛け算を実施します。その掛け算の計算結果をアウトプットします。図の例であれば、2、4の数字を入れることで、8という数字を出力します。AIであっても基本的には同じで、処理の部分がAIに変わるだけです。

▼掛け算におけるIPO

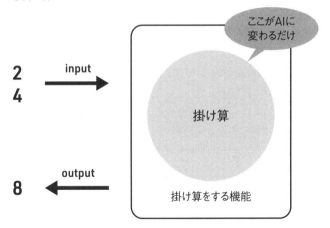

　例えば、画像認識AIというのは、写真の中に何が写っている画像なのかを答えてくれるものです。つまり、犬なのか猫なのかを判別する画像認識AIであれば、AIにどういう画像データを渡して（Input）」「AIが犬なのか猫なのかの確率を判定し（Process）」「犬か猫なのかの確率（Output）」を出力します。

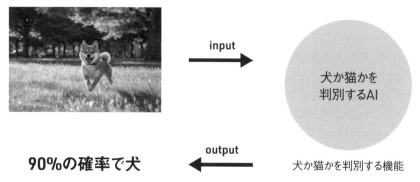

◉ AI画像認識におけるIPO

input

犬か猫かを
判別するAI

output

90%の確率で犬

犬か猫かを判別する機能

　これさえ理解できればAI自体は作れなくてもAIを業務で活用することは可能になります。

　では、肝心のAIはどうすれば良いでしょうか。それは、**オープンソース**や**API(Application Programming Interface)**を活用することです。AIなどのデジタル技術は、オープンソース /APIの普及によって、無料や安い価格で手軽に使用することが可能となってきています。これからの時代、AIを一から作る人だけではなくAIを活用する人も重要になってくるのは、オープンソースやAPIが急速に普及していることが大きく後押ししています。

　つまり、一からAIを作る必要はなくて、AIにどんなデータやパラメータを渡して、どんな結果をもらうことができるのかさえ理解できればある程度はAIを業務で活用できるようになりますし、AI技術の体験は誰にでも可能となっているのです。

　APIはその典型であり、例えば、Google Vision APIが提供している物体検知AIであれば、画像データや検知対象などのパラメータを指定してインターネット経由で特定のURLにアクセスすることで、AIの結果として、どこに何が写っているかの座標とラベルデータを受け取ることができます。AIの種類によって、どんなデータをどういう形式で渡す必要があるのか、パラメータとしてどんなものがあるのかは異なるので、AIの特性も含めてInput/Outputを押さえていくと、AIによるProcess（処理）がどのようなものなのかも見えてきます。

　さて、ここまで来た皆さんはもうお分かりかと思いますが、AIを活用するというのはAIの**Input/Process/Output**を適切に把握して、自分の業務に適用（アプ

リ化）することです。そのために、アプリを作成しつつデモの動きを楽しみながら AIの中身を理解していくのが一番の近道でしょう。そしてアプリの基本はAIに限らずInput/Process/Outputを押さえることです。

　そこで本書では、streamlitというPython ライブラリを用いて簡易アプリを用いて作成していきます。streamlitはPythonでWebアプリを簡単に作成できるフレームワークです。チェックボックスやテキストボックスなどのInput機能やグラフの表示やダウンロードボタンなどのようなOutput機能を簡単に実装可能であり、まさにInput/Process/Outputを押さえるのにはもってこいのライブラリです。

　これはプログラミングの初学習者も直感的に理解しやすく、プログラミングの本質を学ぶのにも適しています。また、単純にアプリをつくるだけではなく、AIがどのようなProcessをしているのかを、**IPO**の観点で紐解いていきます。「アプリ作成」、「処理の理解」の順番で2パート進めていきますが、まず深く考えずにアプリを動かして、あとから処理を理解するという方法でも良いですし、まずAIの処理を理解してからアプリを作成しても大丈夫ですので、好きな方から進めていきましょう。

Section 0-2 プログラミング環境を整えよう

　では、続いてプログラミング環境を準備していきます。今回はGoogle Colaboratoryを使用していきます。今回使用するGoogle Colaboratoryは、Googleのアカウントさえあれば、つまずきやすい環境構築というのをすっ飛ばして無料ですぐに利用できるのです。

　つまり、Pythonが動く環境とエディタをGoogleが用意してくれいるということなのです。自分のPC内にツールをインストールする手間が省けることから、このGoogle Colaboratoryは広く普及してきています。

　それでは、Google Colaboratory を、自分のGoogleアカウントで使えるよう
にするための準備を進めていきます。これはGoogleアカウントに対して初回に1
度だけやる準備となります。手順通りに進めれば何も難しいことはありませんの
で1歩1歩進めていきましょう。

　ここからは、Googleアカウントがある前提で話を進めていきますので、アカ
ウントがない方は作成しましょう。無料で作成が可能です。また、既にGoogle
Colaboratoryを使ったことがある方は飛ばしていただいて構いません。

　まずは、Google Drive にアクセスして、左上にある新規ボタンをクリックしま
す。

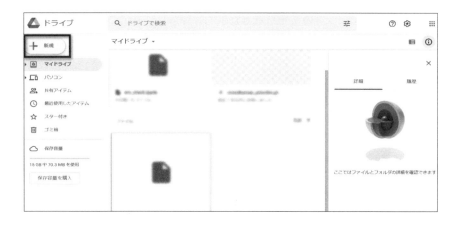

　新規ボタンをクリックしたら、サブウインドウが開かれるので、「その他」から
「アプリを追加」を選択してください。

　追加をクリックすると検索画面が出てくるので、「Colaboratory」というワードで検索します。そうすると、Colaboratoryのアプリが出てくるので、クリックしてください。

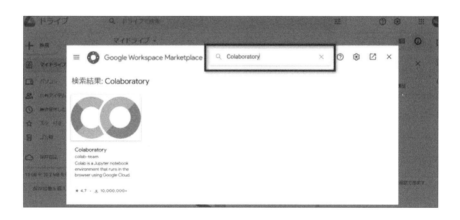

　アプリをクリックすると、インストールボタンが表示されるので、インストールボタンをクリックしてください。

　権限の確認が行われるので、続行と紐付けたいGoogleアカウントを選択してください。場合によっては、ログインが求められることがあります。

　インストールが無事完了すると、インストール完了画面が表示されます。

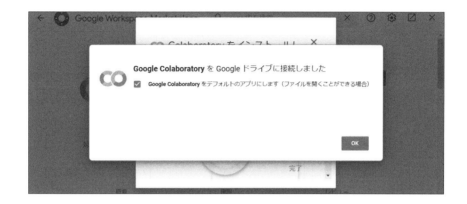

　これで、Google Colaboratoryの準備が整いました。

　では、続いて今回使用するサンプルコードなどをGoogle Colaboratoryで使えるように準備していきましょう。秀和システムのウェブページからサンプルコードをダウンロードして、解凍します。解凍したフォルダをGoogle Driveにアップロードしましょう。Google Driveの画面にドラッグ＆ドロップするだけでアップロードは完了します。

　マイドライブ直下にアップロードしてください。マイドライブ以外にアップロードした場合、一部のサンプルコードを書き換える必要があるので注意してください。

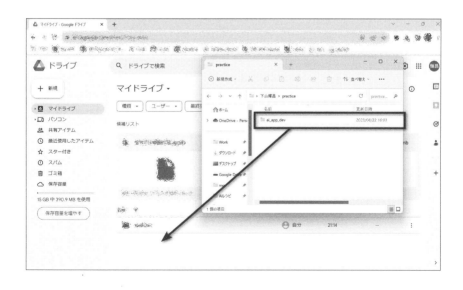

　アップロードが完了すると、Drive上にフォルダが生成されます。
　これで、プログラミングを行うための環境の準備が整いました。

Section 0-3　ウォーミングアップ：streamlitを使って計算アプリをつくってみよう！

　では、続いてウォーミングアップとして、簡単な足し算や掛け算を行うアプリをstreamlitで作成していきましょう。ここでの目的は、streamlitの使い方やGoogle Colaboratoryでstreamlitを動かす手順を学びつつ、アプリを作っていくという感覚を身に着けます。
　Pythonの基本的な使い方も簡単に触れていくので、分からない方はぜひ挑戦してみましょう。一方で、ある程度Pythonに慣れている方は、1章以降に飛んでいただいてもかまいません。
　では、早速計算アプリを作成していきましょう！

streamlitを起動してみよう

　まずは、先ほどアップロードしたファイルの中から0章を選択し、「0_run_streamlit.ipynb」をダブルクリックしてください。

🔽「0_run_streamlit.ipynb」のクリック

　ダブルクリックすると、Google Colaboratoryが起動してあらかじめ書いてあるソースコードを見ることができます。

🔽「0_run_streamlit.ipynb」の起動結果

　ここで起動したGoogle Colaboratoryは、streamlitの起動用プログラムなので本格的なプログラミングはこの後です。何をやっているのかを簡単には説明しますが、この部分は「おまじない」だと思ってどんどん進めていきましょう。

　まずは、1セル目を実行していきます。

　実行したいセルの再生マークをクリックするか、実行したいセルが選択された状態で「[Shift] + [Enter]」を押すことで実行できます。「[Ctrl] / [Cmd] + [Enter]」でも実行は可能ですが、「[Shift] + [Enter]」は該当のセルを実行した上で次のセルに自動的に移動するので、よく多用しますので覚えておきましょう。

● セルの実行

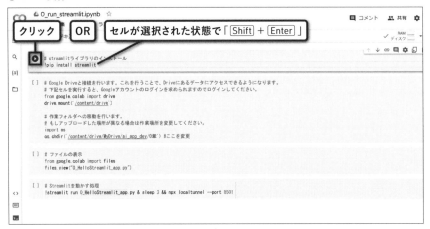

セルが実行されると下記のように流れていきます。

● セルの実行結果

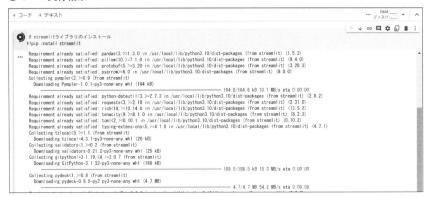

今回実行したのは、下記プログラムになります。

```
# streamlitライブラリのインストール
!pip install streamlit
```

　このプログラムは、streamlitというライブラリをこの開発環境で使用するためにインストールするためのものです。Pythonは様々なライブラリをインポートして使用していきますが、まずはそのライブラリを開発環境、今回で言えばGoogle Colaboratory環境にインストールする必要があります。

　Google Colaboratoryの場合は、主要なライブラリは初期状態でも入っていますが、streamlitに関しては初期状態では入っていないのでインストールする必要があります。本書では他にもmediapipeなど、必要なライブラリが増えていくので、章ごとに若干違いがありますので、注意深く見ていくと良いでしょう。

　では、次のセルを実行してみましょう。

　次のセルは、下記になりますが、これはGoogle Colaboratoryから Google Driveを使う際に使用するプログラムです。セルの再生ボタンか「 Shift + Enter 」で実行してみましょう。

```
# Google Driveと接続を行います。これを行うことで、Driveにあるデータにアクセスできるようになります。
# 下記セルを実行すると、Googleアカウントのログインを求められますのでログインしてください。
from google.colab import drive
drive.mount('/content/drive')


# 作業フォルダへの移動を行います。
# もしアップロードした場所が異なる場合は作業場所を変更してください。
import os
os.chdir('/content/drive/MyDrive/ai_app_dev/0章') #ここを変更
```

　実行すると、Google接続への許可が出てきますので、「Google ドライブに接続」をクリックします。

◉Google Drive への接続許可

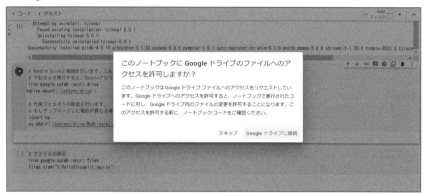

クリックすると、アカウントへのログインを求められるので、今回使用している
Googleアカウントを選択し、許可をクリックしましょう。場合によってはアカウン
トにログインするためのパスワードを求められる場合もあります。

◉Google アカウントへのログイン

●許可ボタンのクリック

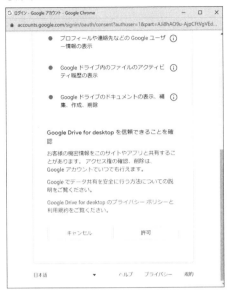

　これでGoogle ColaboratoryからGoogle Driveにアクセスできるようになりました。これは、例えば、Google Drive上のデータを読み込んだりする際には必須です。今回は、Google Drive上にある「0_HelloStreamlit_app.py」にアクセスする必要もあるので必須となります。

●Google Driveへの接続結果

　許可まですべて完了すると、「Mounted at /content/drive」と表示されます。
　では、次のセルに移りましょう。
　次のセルはアプリのプログラムを書くファイルをGoogle Colaboratoryで開い

て編集するためのViewを開く処理になります。

```
# ファイルの表示
from google.colab import files
files.view("0_HelloStreamlit_app.py")
```

◆py ファイルの表示

　実行すると、画面の右側に「0_HelloStreamlit_app.py」が表示され、ファイルを編集することが可能になります。今の段階では空ですが、今回アプリを作成していくにはこの右側にプログラムを書きこんでいきます。
　まずはこのまま次のセルを実行していきましょう。
　次のプログラムが、streamlitを起動するための処理になります。今回の場合は、「0_HelloStreamlit_app.py」の中身を実行することになります。

```
# Streamlitを動かす処理
!streamlit run 0_HelloStreamlit_app.py & sleep 3 && npx localtunnel --port
8501
```

　Google Colaboratoryではなく手元のパソコンでstreamlitを動かす場合は、コマンドプロンプト/PowerShellやTerminalなどで「streamlit run xxxxx.py」のように指定すれば良いのですが、Google Colaboratoryの場合は、localtunnelという機能を使用して公開する必要があります。厳密に説明しようとするとWebServerなどの説明をする必要もあるためここでは割愛しますが、streamlitを起動してWeb上で簡易的に見えるようにするものと思えば大丈夫ですし、自分が作ったstreamlitアプリをGoogle Colaboratoryを使って起動する場合には必要であると覚えておくだけでも本書では十分です。
　それでは実行してみてください。

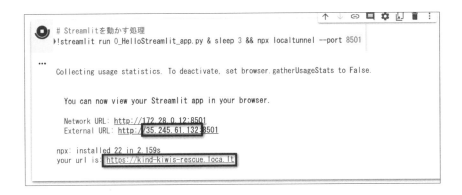

実行するとメッセージが出てきます。その中で、「your url is:」の後ろにある URLをクリックします。今回の図で言うと「https://kind-kiwis-rescue.loca.lt」となります。また、「External URL：」の部分に記載されているアドレスも必要となるのでどこかにメモしておきましょう。ここでは、「35.245.61.132」となります。

「your url is:」の後ろにあるURLをクリックすると、新しいタブで画面が開きます。

●IPの指定

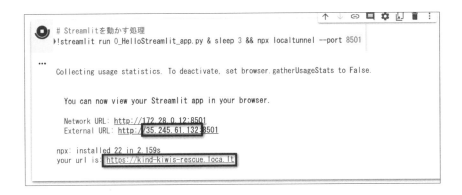

クリックするとIPアドレスの入力を求められるので、先ほどの「External URL：」の部分に記載されているアドレスを入力した上で「Click to Submit」をク

リックしてください。これはセキュリティ対策なのであまり深く考えずにこういうものだと覚えておけば大丈夫です。なおこれらのアドレスは起動のたびに変わるので、必ず皆さんのお手元の環境のものを入れるようにしてください。間違いなく入力できると真っ白な画面が開きます。

🔻streamlitの起動結果

　まだ、「0_HelloStreamlit_app.py」に何もプログラムを書いていないので何も表示されません。しかし、下の方をよく見ると「Made with Streamlit」の文字が、ブラウザのタブの部分には「HelloStreamlit_app・Streamlit」などが見られ、streamlitが起動できているのが分かります。

　では、ここから簡単にStreamlitでタイトルを表示してみましょう。

　まずは、ブラウザのタブを先ほどまで実行していたGoogle Colaboratoryに戻ります。戻ったら、「0_HelloStreamlit_app.py」の空白部分を選択して次のプログラムを入力してみましょう。ちなみに、先ほど実行したセルはまだ動いており、止める必要もありません。実行している場合は、停止マークである□が表示され、その□を囲うようにぐるぐると回っています。もし止めてしまった場合は再度実行する必要があります。その場合、URLなどが変わってしまうので、再度IPの指定などが必要になりますので覚えておきましょう。

　また、プログラムを記載した直後では、ファイル名が「*0_HelloStreamlit_

app.py」のように「*」がつく場合がありますが、これは編集したファイルがまだ未保存であることを示します。その状態だと変更が反映されないので保存するようにしましょう。時間が経過すると自動で保存されて「*」が消えますが、「Ctrl + s」で保存することもできます。

◑Hello Streamlitプログラムの作成

　今回のプログラムは、1行目でstreamlitをインポートして、stという名前で簡略化して使用できるように「as st」と記載しています。その後、空の行を挟んで、st.titleという関数を使用して文字を表示させています。まずは、動作を確認していきましょう。

　しっかり保存も行ったら、先ほどStreamlitを起動していたブラウザのタブを見てみましょう。

⚫streamlitのブラウザ画面

　このままだとまだ何も表示されていませんが、右上に「Source file changed.」という文字が見られ、横に「Return」と「Always return」があります。「Always return」をクリックして、プログラムを編集したらその場で反映されるようにしましょう。なお、時間が経過してしまうと、「i」しか表示されない場合がありますが、その場合は「i」の上にマウスを持っていくと「Return」と「Always return」が表示されます。

⚫Hello Streamlit App

　おめでとうございます。最初のアプリが作成できました。アプリというには少し寂しいですが、「Hello Streamlit」という文字を表示させる立派なアプリです。今回のように、st.title(文字列)を書くだけで、Webアプリとしてタイトル表示することができました。まだその価値を体感までできないとは思いますが、今回のst.titleのような簡単なプログラムを書くだけで、チェックボックスやテキストボックスも配置可能なのがstreamlitの良い部分です。

　最初の説明ということもあり、少し長くなってしまいましたが、ここからはテンポよくアプリを作成していきます。それでは計算アプリを作成してみましょう。

　もし一度休憩される方は、再度進めるときに「0_run_streamlit.ipynb」を開いて、1番上のセルから再度実行していけば大丈夫ですので、自分のペースで進めていきましょう。

簡単な掛け算アプリを作成してみよう

　章の冒頭でもお話したように、アプリなどのシステムは基本的にはInput/Process/Outputから構成されます。最も単純な掛け算アプリの場合は、2つの数字をインプットして、処理として掛け算を実施し、その計算結果をアウトプットします。冒頭でお話した例であれば、2、4の数字を入れることで8という数字を出力するのでしたね。ということで2つの入力ボックスを用意して、その入力ボックスに入っている値から計算を行って出力していきます。まずは、先ほどまでプログラムを書いていた「0_HelloStreamlit_app.py」を下記のプログラムに書き換えてみましょう。

```
01: import streamlit as st
02:
03: st.title('計算アプリ')
04:
05: # Input
06: a = st.number_input('数字1')
07: b = st.number_input('数字2')
08:
09: # Process
10: c = a * b
11:
```

```
12: # Output
13: st.title('計算結果')
14: st.text(c)
```

● 掛け算アプリのプログラム

```
0_HelloStreamlit_app.py  ×                    ...
1 import streamlit as st
2
3 st.title('計算アプリ')
4
5 # Input
6 a = st.number_input('数字1')
7 b = st.number_input('数字2')
8
9 # Process
10 c = a * b
11
12 # Output
13 st.title('計算結果')
14 st.text(c)
```

　1行目のライブラリのインポート、3行目のタイトルは先ほどと同じなので大丈
夫ですね。5行目以降がInputの部分です。今回は、a、bという変数にst.
number_inputというstreamlitの関数を代入しています。これは、数字を入力
可能な入力ボックスになります。2つの数字が必要なので2つの変数を定義して
います。その後、9行目以降で掛け算を実施しています。ここが今回のアプリにお
ける処理の部分になります。最後に、計算結果cを出力しています。計算結果だ
ということが分かるように、st.titleで「計算結果」という文字を出力した上で、計
算結果を出しています。それでは、先ほどまでと同様に、Streamlitのブラウザの
タブを選択してみてください。「HelloStreamlit_app・Streamlit」のような表記
のタブを選択すれば良いはずです。先ほどと同様に、右上に「Source file
changed.」という文字が見られた場合は「Always return」をクリックしましょう。

◉ 掛け算アプリ

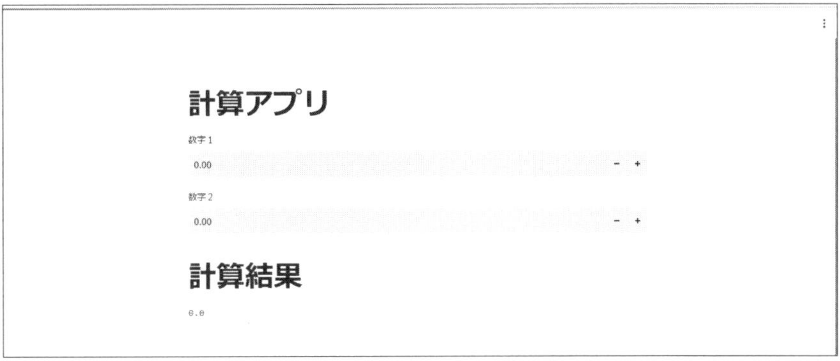

　表示された画面には、数字1、数字2に「0.00」という数字が入っており、直接数字を打ち込むことが可能です。右の「＋／－」ボタンでも増減は可能ですが、初期状態だと0.01刻みとなっているので、とりあえず直接打ち込んでみましょう。

　好きな数字で構いませんが、今回は、数字1に「6」を数字2に「17」を入れてみます。

◉ 掛け算アプリの計算結果

　6と17を入力すると、計算結果として102が表示されておりしっかり掛け算が正しいことが分かりますね。ぜひいろいろと数字を入れて遊んでみてください。ここ

で少し余談ですが、st.number_inputは数字しか受け付けません。そのため、「あ」などのような文字列を打ち込むと0(初期値)が強制的に代入されるようになります。本来、一からアプリを作る場合は、文字列を弾く処理を書いたり、文字列から数字に変換して計算を行う必要があるのですが、number_inputを用いれば面倒な処理はすべて行ってくれているのも非常に便利なポイントです。逆に、もし文字列を使用したい場合は、text_inputも用意されているので遊んでみるのも手でしょう。

　ここまで、非常に簡単な掛け算アプリを作成してきました。これだけだと、少し寂しいので、足し算と掛け算という計算方法を選択できるようにしてみましょう。

掛け算/足し算を選択できるようにアプリを拡張しよう

　では、早速、計算方法を追加していきましょう。これまではInputは2つの数字のみでしたが、今回は「計算方法」もInputに加わります。つまり、次図になります。

▼掛け算/足し算アプリにおけるIPO

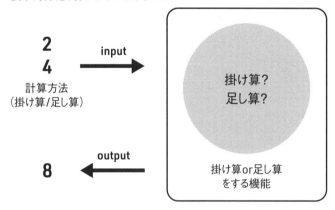

　ということは、プログラムのInput部分を追加していくことになりますね。まずはInputを追加してみましょう。

```
01: import streamlit as st
02:
03: st.title('計算アプリ')
04:
05: # Input
06: a = st.number_input('数字1')
07: b = st.number_input('数字2')
08: method = st.sidebar.selectbox( "計算方法",['足し算','掛け算'])
09:
10: # Process
11: c = a * b
12:
13: # Output
14: st.title('計算結果')
15: st.text(c)
```

◯計算方法入力の追加

```
0_HelloStreamlit_app.py  ×                                    •••
1 import streamlit as st
2
3 st.title('計算アプリ')
4
5 # Input
6 a = st.number_input('数字1')
7 b = st.number_input('数字2')
8 method = st.sidebar.selectbox( "計算方法",['足し算','掛け算'])
9
10 # Process
11 c = a * b
12
13 # Output
14 st.title('計算結果')
15 st.text(c)
```

　変更点は、8行目のmethod = st.sidebar.selectbox("計算方法",
['足し算','掛け算'])の部分です。これは、selectboxという選択式の入力ボッ
クスです。今回の足し算もしくは掛け算のように決められた分岐であれば自由記

述のtext_inputなどではなくselectboxを選びます。sidebarというのがついているのは、メイン画面ではなく側面に置くことができるものです。では、実際に画面を見てみましょう。「HelloStreamlit_app・Streamlit」のブラウザのタブを選択してください。

●計算方法入力の追加結果

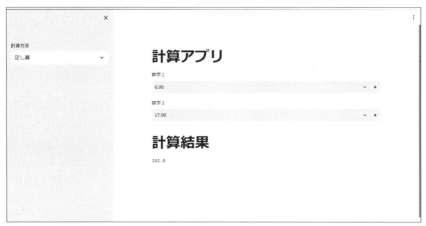

　左側に、足し算/掛け算を選択できるセレクトボックスが追加されました。それ以外は変わっていません。計算方法をInputとして得られましたが、Processは何も変更していないので当然ですね。では、計算方法のInputによって、処理を変えるプログラムを書いていきましょう。また、せっかくなので、Outputにも計算方法を記載するように工夫してみます。先ほどと同様、「0_HelloStreamlit_app.py」を下記のプログラムに書き換えてみましょう。

```
import streamlit as st


st.title('計算アプリ')


# Input
a = st.number_input('数字1')
b = st.number_input('数字2')
method = st.sidebar.selectbox( "計算方法",['足し算','掛け算'])
```

```
# Process
if method == '足し算':
    c = a + b
elif method == '掛け算':
    c = a * b


# Output
st.title(f'{method}結果')
st.text(c)
```

▼計算方法処理/出力の追加

```
0_HelloStreamlit_app.py  ×                                    ・・・
1 import streamlit as st
2
3 st.title('計算アプリ')
4
5 # Input
6 a = st.number_input('数字1')
7 b = st.number_input('数字2')
8 method = st.sidebar.selectbox("計算方法",['足し算','掛け算'])
9
10 # Process
11 if method == '足し算':
12 │   c = a + b
13 elif method == '掛け算':
14 │   c = a * b
15
16 # Output
17 st.title(f'{method}結果')
18 st.text(c)
```

　主な変更点はProcess以降です。methodという変数に選択された計算方法を格納しているので、if文で計算方法を分岐させることが可能です。もし足し算だったらc=a+bという足し算を行うし、掛け算だったらc=a*bで掛け算を行い、どちらもcという変数に格納しています。その結果を出力するのですが、f'{method}結果'という形で、文字列の中にmethodという変数を表示しています。

では、アプリを確認していきましょう。これまでと同様に、ブラウザのタブで
「HelloStreamlit_app・Streamlit」を選択します。

●計算方法処理/出力の追加結果①

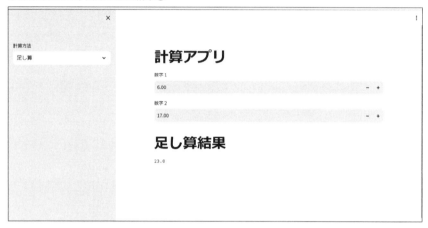

結果を見ると、これまで「計算結果」であった部分が「足し算結果」となってお
り、さらに6+17の計算結果である23.0が表示されています。では、足し算の部分
を掛け算に変更してみましょう。

●計算方法処理/出力の追加結果②

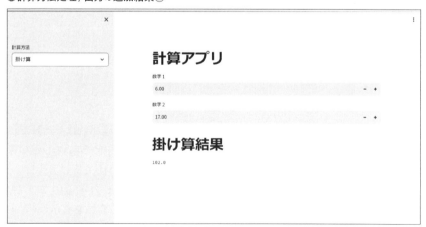

　今度は、「掛け算結果」となっており、計算結果も6*17の102が表示されていることが分かります。これで、計算方法というInputを追加した上で、Process/Outputを修正し、アプリを拡張することができました。

　いかがでしょうか。作成したアプリをどんどん改良していくアイデアが溢れてきていませんか。例えば、引き算や割り算を追加してみたり、もっと多くの数字を一気に計算できるようにするなどいろんな改良の方向性があります。そこに正解はありませんし、あなたのアイデア次第でいろんなことが可能になります。

　これで、序章は終了です。Pythonの本を読むと必ずと言っていいほど出てくる足し算/掛け算なのですが、コマンドプロンプトやGoogle Colaboratoryだけでは味気ないのですが、streamlitを使うとアプリっぽいものが簡単に作成できるので少し楽しいと感じてもらえると嬉しいです。プログラミングは、論理的思考を学ぶという側面が強く言われていますが、本来は何を作りたいのかを考えて、それを実現できることにプログラミングの目的や価値が存在します。

　アイデアを実現するためにはPythonの文法や様々なライブラリの使い方を覚える必要はありますが、プログラミングが目的になるのはあまり良くありません。AIなどの技術も同様で、AIなどを作ることが目的になってはいけなくて、AIを使って何をしたいかを考える意識を本書で身に着けていっていただければ幸いです。

　本書の冒頭にも簡単に説明しましたが、1章からは基本的に「アプリ作成」、「処理の理解」の順番で2パート進めていきます。まず深く考えずにアプリを動かして、あとから処理を理解するという方法でも、AIの処理を理解してからアプリを作成しても大丈夫ですので好きな順番で進めてください。

　作りたいものを創造して、それを実現する瞬間はたまらなく楽しいものです。それではアイデアの源泉を探すAI技術体験の旅に出かけましょう。

コラム①：教育者という立場から見た本書の魅力

　私は普段、教員として働いています。本書の企画／執筆に携わりつつ、私自身もAIのアプリプログラミングに触れ、多くのことを感じることができました。本書の執筆者でありながらも、手に取ってくれた皆さんと一番近い立場であり、本書を少しだけ先に体験した人であると思っています。そこで、教員というプログラミングの専門家ではない立場の私が本書の魅力も含めて簡単にお伝えしたいと思います。

　本書で載せているようなAIを使ったプログラミングを体験してみて、まず感じたのはその手軽さです。テレビで見たり、インターネットで見たりしていた難しそうな技術がいとも簡単にできてしまいます。それも数行のプログラムを入力しただけで。自分には難しすぎてできないと思っていたことが、この本の手順に沿ってやっていくことでできてしまい、それを体験できることでAI活用のプログラミングの面白さに引き込まれてしまうと思います。

　少し前は、プログラミングは専門的な知識であり、畑違いの人たちにとっては手を付けにくく、遠ざけている分野だったと思います。ただ、今では自分で1からプログラミングすることは確かに難しいかもしれませんが、出来上がっているものを活用することで、少しプログラミングを学んだ人であれば、手軽にその技術を体験することができます。残念なのはそのことを知っている人がまだ少ないということです。私自身もそうだったように、この本を通して多くの人がAI活用に興味をもち、体験し、自分の分野での活用方法を考えていってくれたら嬉しいです。

　では続いて、本書で体験したAI技術の活用の良さとして感じたことをお伝えしていきます。それはずばり、数字に表れてくることです。特に言語処理技術では、文章の類似度を数字で表すことができます。普段私たちが、なんとなく似ている、似ていないと判断していたものが、AIに任せることで数字として表されます。数字ほど説得力があるものはないでしょう。こういった技術が発達していくことで、これまで私たちが感覚で判断していたことや、判断できなかったことが、はっきりと線引きされていくのだと感じました。私自身、教育の現場にいる人間なので、感覚を数字で表されることにはとても驚きました。すべてが数字で判断されてしまうのは、人の感情の部分が入らなくなってしまうが、大いに活用できるものだと感じました。逆に言うと、感情の部分をしっかり考えてあげる部分が我々教員の仕事としてより重要性を増していくのかもしれません。

　最後に、本書はビジネスパーソンだけではなく、ぜひ親子で体験してほしいと感じています。教員の現場で携わっている私としては、自分の教育の現場業務をどうやって変えていこうかというビジネスパーソンとしての考えと同時に、子どもに興味をもってもらい将来につなげてほしいと感じました。繰り返しになりますが、本書では「手軽に」「AIという最先端技術」を体験することができます。

　「手軽さ」ということで、ある程度環境を整えてあげることで、子どもでもこの本の内容は体験できます。また考え方としてI（Input）、P（Process）、O（Output）という思考の流れになっており、思考の型も同時に学べることで、今何をしているのかわかりやすいし、考え方自体を小さい時から学ぶことができます。これは大人でも勉強になるし、親子で学ぶことで親の理解も一段と深まると思います。

　さらに、「AIという最先端技術」は子どもの周りにたくさんあるということを体験できます。画像を変換する技術を例にしてみると、若者のSNSの投稿では様々なフィルターによって顔が加工されています。子どもたちは何気なく使っている技術ですが、それを実際に自分たちでプログラムしてみるとなると興味を持つことでしょう。他にもSiriやAlexaなど音声認識で答えてくれるものも生活の中に溶け込んでいます。今の子どもたちの身の回りにはAIが活用されているものがたくさんあることを考えると、それを体験することで興味をもつことに繋がっていくことでしょう。

　これから先の未来、このような技術とともに生活することは目に見えています。子どものときから技術を体験し、より身近に感じることでどんどんすそ野が増え、クリエイティブな社会が実現できると信じています。

　以降のコラムでは、対談形式で「教育現場でどう役に立つのか？」「子どもたちに向けて」「プログラミングを他業種の人が習得する」をテーマにお伝えしていきます。

人やモノを検知するAIで
アプリを作ってみよう

それでは、いよいよAIを活用してアプリを作成していきます。ここでは、人やモノを検知する物体検知という技術を用いてアプリを作成します。物体検知は、その名の通り「どこに」「何が」写っているのかを検知する技術です。簡単な写真から物体検知をするアプリを作成しつつ、動画を読み込めるようにインプット機能を拡張したり、人を検知して人の人数を把握できるようにアウトプット機能を拡張したりしながらアプリを作成します。後半では、物体検知AIを1つ1つ動かして、Input/Process/Outputの理解をしながらAIを紐解いていきます。なお併せて、画像や動画の取り扱いも学んでいきます。

Section 1-1 物体検知アプリを作成しよう

　それでは早速アプリを作成していきます。人やモノを検知する物体検知技術のInputは、基本的には静止画で、静止画をもとに「どこに」「何が」写っているのかを予測するというProcessを行い、その結果を数字のデータとして出力します。そこでまずは、Input機能として、カメラ画像から静止画を取り込んでいきましょう。Input機能を作成したら、Processの物体検知を実装し、その結果を画像として出力するアプリに拡張します。その後、Output機能を拡張して、人数を出力するようにします。最後にInput機能として動画取り込みできるように拡張しながら、人数カウントのグラフを出力していきましょう。1つ1つ実行していけばアプリは動作するので、前半はあまり考えすぎずに進めていきましょう。細かい解説は後半でやります。

カメラインプット機能を作成しよう

　それでは早速パソコンの内蔵カメラを用いて、写真を撮影しその写真を表示してみましょう。文章だけ聞くと非常に難しく感じてしまいますが、streamlitにはcamera_inputという関数が準備されており、非常に簡単に実行できます。まずは、序章で扱ったのと同様に、streamlitを動かすためのプログラムを実行していきましょう。Google Driveにアクセスして1章のフォルダに入っている「1_run_streamlit.ipynb」をダブルクリックして起動しましょう。

⊙「1_run_streamlit.ipynb」の起動

　起動すると、序章と同じような処理が書かれているのが分かります。復習も兼ねて簡単に説明していきます。

```
# ライブラリのインストール
!pip install streamlit
!pip install ultralytics
```

　最初のセルでは必要なライブラリをインストールしています。先ほどはstreamlitだけでしたが、今回はultralyticsというライブラリもインストールしています。これは物体検知AIを使うためのライブラリで、YOLOv8という物体検知モデルを簡単に使用することができます。

```
# Google Driveと接続を行います。これを行うことで、Driveにあるデータにアクセスできるようになります。
# 下記セルを実行すると、Googleアカウントのログインを求められますのでログインしてください。
```

```
from google.colab import drive
drive.mount('/content/drive')


# 作業フォルダへの移動を行います。
# もしアップロードした場所が異なる場合は作業場所を変更してください。
import os
os.chdir('/content/drive/MyDrive/ai_app_dev/1章') #ここを変更
```

こちらのセルに関しては序章とほぼ同じですが、最後のos.chdir('/content/drive/MyDrive/ai_app_dev/1章')の部分だけが異なります。今回は0章ではなく1章なのでGoogle Driveの接続先を1章に変更しています。

```
# ファイルの表示
from google.colab import files
files.view("1_ObjectDetection_app.py")
```

```
# Streamlitを動かす処理
!streamlit run 1_ObjectDetection_app.py & sleep 3 && npx localtunnel --port
8501
```

下2つのセルは、ファイルの表示とstreamlitの起動でしたね。ファイル名が「1_ObjectDetection_app.py」に変わっている以外は同じになります。

それでは、まずは全部動かしてみましょう。Google Driveへの接続確認があるので、アカウントにログインして許可するのを忘れないでください。

▼ セルの実行

　問題なく実行できたら、右側に空の「1_ObjectDetection_app.py」が表示されるのと、左側にURLが表示されます。序章でもやりましたが、「your url is:」にあるURLをクリックして画面が表示されたら、「External URL :」に書いてあるアドレスを入力しましょう。私の場合は、「35.221.142.250」ですが、人によって異なるので、自分の手元に表示されているアドレスを確認して打ち込んでください。

◉アドレスの入力

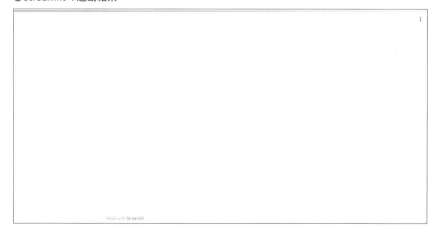

　Click to Submitを押すと真っ白な画面が表示されますが、今は「1_Object Detection_app.py」に何も記述していないのでそれで問題ありません。

◉streamlitの起動結果

　それでは、早速カメラインプット機能を実装していきましょう。ブラウザのタブからGoogle Colaboratoryに戻って、「1_ObjectDetection_app.py」の部分に下記を入力してください。序章でもお話しましたが、先ほど実行したセルはまだ動いており、止める必要もありません。実行している場合は、停止マークである□が表示され、その□を囲うようにぐるぐると回っています。もし止めてしまった場合は再度実行する必要があります。その場合、URLなどが変わってしまうので、再度IPの指定などが必要になりますので覚えておきましょう。

　また、プログラムを記載した直後では、ファイル名が「*0_HelloStreamlit_app.py」のように「*」がつく場合がありますが、これは編集したファイルがまだ未保存であることを示します。その状態だと変更が反映されないので保存するようにしましょう。時間が経過すると自動で保存されて「*」が消えますが、「 Ctrl + s 」で保存することもできます。

```python
import streamlit as st
import cv2
import numpy as np


# Input
camera_img = st.camera_input(label='インカメラ画像')


# Process
if camera_img is not None:

    bytes_data = camera_img.getvalue()
    cv2_img = cv2.imdecode(np.frombuffer(bytes_data, np.uint8),
                           cv2.IMREAD_COLOR)
    output_img = cv2.cvtColor(cv2_img, cv2.COLOR_BGR2RGB)


# Output
    st.image(output_img, caption='出力画像')
```

●カメラインプット機能のプログラム

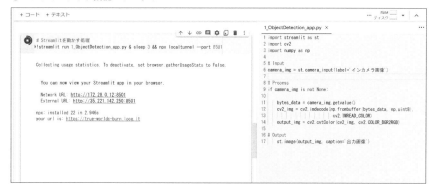

　簡単に説明をすると、最初の3行はライブラリのインポートです。今回は streamlitとcv2とnumpyを使用しています。

　ライブラリのインポートの後がInput部分のプログラムとなっており、st. camera_inputでカメラ画像を受け付けるInput機能を作成しています。その後、カメラ画像があった場合、Pythonで扱える形にして、最後にoutput_imgとして出力できる形に変更した上で、st.imageを用いて画像に表示する形です。後半で説明しますが、cv2の場合は、画像がBRGとなってしまうので、出力する際にはRGBに変換が必要なため、cv2.cvtColorでBGR2RGB変換を行っています。では早速画面を見てみましょう。先ほど起動したアプリ画面の方のブラウザタブに移動してください。

　開いた際に右上に「Source file changed.」という文字が見られ、横に「Return」と「Always return」がある場合は、「Always return」をクリックしましょう。時間が経過してしまうと、「i」しか表示されない場合がありますが、その場合は「i」の上にマウスを持っていくと「Return」と「Always return」が表示されます。

　また、反映されるとカメラへのアクセス許可が表示されるので許可をクリックしてください。

▼カメラインプット機能の実装結果①

　しっかりカメラが動いているのが確認できますね。では、「Take Photo」ボタンを押してみましょう。

▼カメラインプット機能の実装結果②

　「Take Photo」ボタンを押すと、押した時点での画像が出力画像として表示されます。これを見るとわかるように、「Take Photo」が押された瞬間にcamera_imgにデータが格納され、「if camera_img is not None:」の処理の中に入って、

画像表示が行われる仕様になっています。リアルタイムでの物体検知などは
camera_inputではできないので注意しましょう。リアルタイム処理を行いたい
場合はweb-rtcというライブラリを上手く活用する必要がありますが、少し不安
定なのでここでは取り扱いません。

　さて、ここまでで、カメラ画像をInput機能として活用することができるように
なりました。

物体検知を実装しよう

　それでは、AIの物体検知機能を実装していきます。ここでは難しいことを考え
ずにまず動かしてみましょう。ブラウザのタブからGoogle Colaboratoryに戻っ
て、「1_ObjectDetection_app.py」の部分に下記を入力してください。

```python
import streamlit as st
import cv2
import numpy as np
from ultralytics import YOLO

# モデルの読み込み
model = YOLO('yolov8n.pt')

# Input
camera_img = st.camera_input(label='インカメラ画像')

# Process
if camera_img is not None:

    bytes_data = camera_img.getvalue()
    cv2_img = cv2.imdecode(np.frombuffer(bytes_data, np.uint8),
                           cv2.IMREAD_COLOR)
    results = model(cv2_img,conf=0.5)
    output_img = results[0].plot(labels=True,conf=True)
    output_img = cv2.cvtColor(output_img, cv2.COLOR_BGR2RGB)
# Output
    st.image(output_img, caption='出力画像')
```

◎物体検知のプログラム

```
1_ObjectDetection_app.py ×                                    ...

1  import streamlit as st
2  import cv2
3  import numpy as np
4  from ultralytics import YOLO
5
6  # モデルの読み込み
7  model = YOLO('yolov8n.pt')
8
9  # Input
10 camera_img = st.camera_input(label='インカメラ画像')
11
12 # Process
13 if camera_img is not None:
14
15     bytes_data = camera_img.getvalue()
16     cv2_img = cv2.imdecode(np.frombuffer(bytes_data, np.uint8),
17                            cv2.IMREAD_COLOR)
18     results = model(cv2_img, conf=0.5)
19     output_img = results[0].plot(labels=True,conf=True)
20     output_img = cv2.cvtColor(output_img, cv2.COLOR_BGR2RGB)
21 # Output
22     st.image(output_img, caption='出力画像')
```

　これまでのソースコードとの違いを説明していくと、まずultralyticsのYOLO
をインポートしています。これがいわゆるAIモデルになっています。その後、
modelとして、yolov8n.ptを指定しています。これはYOLOV8のNモデルとなっ
ています。

　これはあらかじめultralyticsの提供者が学習させてくれている学習済みモデ
ルです。人やバスなど様々な物体検知が可能になっています。他にも処理スピー
ドは遅いが精度の高いモデルや、逆に精度は若干犠牲にしているが処理スピード
の速いモデルもあります。大抵のAIは精度と処理速度がトレードオフの関係に
なっており、用途によって選択する必要があります。

　その後、model(cv2_img,conf=0.5)でAI予測を行い、results[0].
plot(labels=True,conf=True)で元の画像に検知結果をプロットしています。こ
の辺は後半に説明していきますが、たった数行でAIを使うことができるのには少
し感動しますね。

では、早速動作を確認してみましょう。先ほどと同様にアプリ画面の方のブラウザタブに移動してください。先ほどの繰り返しになりますが、もし右上に「Source file changed.」という文字が見られた場合は、「Always return」をクリックするのを忘れないようにしましょう。

また、初回はモデルのダウンロードなどが発生するため少し読み込みに時間がかかる可能性があります。画面が表示されたら「Take Photo」を押して物体検知を体験してみましょう。いろんな写真を撮ってみると良いでしょう。

🔽物体検知の実装結果①

🔽物体検知の実装結果①

このように、人やボトルなどのような物体がどこに写っているのかを表示してくれます。つまり、物体検知AIは、対象物とその座標を与えてくれるものなのです。0.86や0.75のようにpersonなどのラベルの横に表示されている数字は、確信度などと言われ、AIの予測結果に対しての自信を表すようなものです。1に近ければ近いほど自信が高く、低い場合はAIもあまり自信がなく、誤検知である可能性が高いです。これも少し後ほど説明しますが、「model(cv2_img,conf=0.5)」でconfを0.5としているのは、0.5以上の確信度のものに絞って出力するように設定しています。

さて、いかがでしょうか。こんなに簡単にAIを使えるというのは少し感動しませんか。改めてAIが誰にでも使用できる時代が来ていると実感してしまいます。ただ、ここまでだとただ単に物体検知をしたにすぎません。ここからはもう一歩アプリの観点から、人やモノを検知して何をするのかを考えて拡張していきましょう。

人数を計測して出力しよう

さて、先ほどまで、人やモノを検知する物体検知AIを用いてアプリを作成しました。事前に学習済みのオープンソースを使用することでこんなにも簡単にAIアプリが作成できることには驚くばかりです。ここでのポイントは、物体検知AIは、画像に写っている人やモノの種類と座標を一括で出してくれる機能であることです。

重要なポイントはその機能を使って「何をするのか」という活用の観点です。例えば、人が写っている数、つまり人数を数えられたら、いろんなところで応用できると思いませんか。例えば、店舗の目の前を通る人の数を数えたり、人数をもとに密集度を評価したりもできます。そこで、ここでは最も基礎的で簡単に実装可能なので、人の数を数えられるようなアプリに拡張していきましょう。

早速、人数検出に移っていきたいと思いますが、せっかくなのでカメラインプットではなく、画像をアップロードできるようにしてみましょう。まずは、画像のアップロード機能を拡張した後に、人数カウント機能の拡張を行っていきます。少しずつ複雑にはなっていきますが、あまり深く考えすぎずにIPOだけ押さえながらどんどん動かしていきましょう。

カメラインプットを画像のアップロードに変えるということは、主にInput部分を修正することになります。ではやってみましょう。

```
01: import streamlit as st
02: import cv2
03: import numpy as np
04: from ultralytics import YOLO
05:
06: # モデルの読み込み
07: model = YOLO('yolov8n.pt')
08:
09: # Input
10: upload_img = st.file_uploader("画像アップロード", type=['png','jpg'])
11:
12: # Process
13: if upload_img is not None:
14:
15:     bytes_data = upload_img.getvalue()
16:     cv2_img = cv2.imdecode(np.frombuffer(bytes_data, np.uint8),
17:                            cv2.IMREAD_COLOR)
18:     results = model(cv2_img,conf=0.5)
19:     output_img = results[0].plot(labels=True,conf=True)
20:     output_img = cv2.cvtColor(output_img, cv2.COLOR_BGR2RGB)
21: # Output
22:     st.image(output_img, caption='出力画像')
```

●画像アップロードのプログラム

```
1_ObjectDetection_app.py  ×                              ...

 1 import streamlit as st
 2 import cv2
 3 import numpy as np
 4 from ultralytics import YOLO
 5
 6 # モデルの読み込み
 7 model = YOLO('yolov8n.pt')
 8
 9 # Input
10 upload_img = st.file_uploader("画像アップロード", type=['png','jpg'])
11
12 # Process
13 if upload_img is not None:
14
15     bytes_data = upload_img.getvalue()
16     cv2_img = cv2.imdecode(np.frombuffer(bytes_data, np.uint8),
17                            cv2.IMREAD_COLOR)
18     results = model(cv2_img, conf=0.5)
19     output_img = results[0].plot(labels=True, conf=True)
20     output_img = cv2.cvtColor(output_img, cv2.COLOR_BGR2RGB)
21 # Output
22     st.image(output_img, caption='出力画像')
```

　Input部分のcamera_inputがfile_uploaderに変わっていますね。Typeにpngとjpgを指定しています。また、変数名がこれまでは、camera_imgだったのですが、今回からはupload_imgに変更しています。それに伴い、13行目や15行目が変わっています。

　では、しっかり保存されていることを確認して、ブラウザタブをアプリ画面に変えてみましょう。

●画像アップロードの実装結果

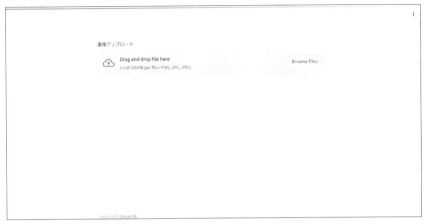

　では、「Browse Files」をクリックして、ファイルを指定してみましょう。今回は、1章の「data」「input」フォルダの中にある「img01.png」を指定します。1つ注意が必要なのが、Google Drive上のファイルではなく、あくまでも自分のPC上のファイル（ローカルファイル）を指定する点です。秀和システムのURLからサンプルコードをダウンロードしてあると思いますので、その中のデータを指定してください。

●画像のアップロード

画像のアップロードは、次図の順番で行われ、最後に処理結果が表示されます。

◉ **画像アップロード結果**

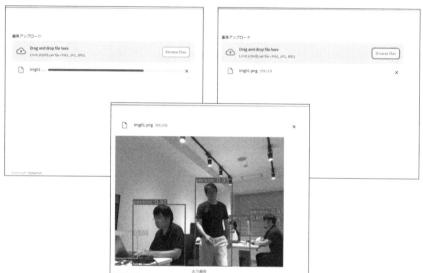

いかがでしょうか。この画像では、人が4人とラップトップ（つまりパソコン）が検知できています。せっかく作ったアプリなので、みなさんもいろんな画像で遊んでみてください。

では、ここから人のみに絞り込んだ物体検知、つまり人検知をしてみましょう。

詳細は後半で述べますが、今回使用した物体検知モデルは全部で80の物体を検知することができます。検知したい対象には0から79番まで番号が振られており、例えばpersonは0でlaptopは63番です。ここでは、1か所変えるだけで検知したい対象を絞り込めます。

```
import streamlit as st
import cv2
import numpy as np
from ultralytics import YOLO


# モデルの読み込み
```

```
model = YOLO('yolov8n.pt')

# Input
upload_img = st.file_uploader("画像アップロード", type=['png','jpg'])

# Process
if upload_img is not None:

    bytes_data = upload_img.getvalue()
    cv2_img = cv2.imdecode(np.frombuffer(bytes_data, np.uint8),
                            cv2.IMREAD_COLOR)
    results = model(cv2_img,conf=0.5, classes=[0])
    output_img = results[0].plot(labels=True,conf=True)
    output_img = cv2.cvtColor(output_img, cv2.COLOR_BGR2RGB)
# Output
    st.image(output_img, caption='出力画像')
```

● 人検知への絞り込みプログラム

```
1_ObjectDetection_app.py ×                                    •••

 1 import streamlit as st
 2 import cv2
 3 import numpy as np
 4 from ultralytics import YOLO
 5
 6 # モデルの読み込み
 7 model = YOLO('yolov8n.pt')
 8
 9 # Input
10 upload_img = st.file_uploader("画像アップロード", type=['png','jpg'])
11
12 # Process
13 if upload_img is not None:
14
15     bytes_data = upload_img.getvalue()
16     cv2_img = cv2.imdecode(np.frombuffer(bytes_data, np.uint8),
17                             cv2.IMREAD_COLOR)
18     results = model(cv2_img,conf=0.5, classes=[0])
19     output_img = results[0].plot(labels=True,conf=True)
20     output_img = cv2.cvtColor(output_img, cv2.COLOR_BGR2RGB)
21 # Output
22     st.image(output_img, caption='出力画像')
```

modelの部分にclassesという指定で指定します。今回は0番のpersonだけを指定しました。もし複数指定したい場合は、[0,1,2]のようにカンマ区切りをすればできますので、試してみるのも手でしょう。

では、アプリ画面を見て先ほどと同様に、「img01」を指定して実行してみてください。

▼人検知プログラムの実行結果

この結果を見ると、前回まで検知できていたlaptopが消えています。これで、人のみに絞り込めました。さて、ここからはプログラムで人数を数えてみましょう。AIが検知した結果を取り出すと、人の人数として表示が可能です。AIが検出した結果はresultsなので、そこから人数を数えるProcessを追加して、Outputに人数を表示します。

```
01: import streamlit as st
02: import cv2
03: import numpy as np
04: from ultralytics import YOLO
05:
06: # モデルの読み込み
07: model = YOLO('yolov8n.pt')
08:
09: # Input
10: upload_img = st.file_uploader("画像アップロード", type=['png','jpg'])
11:
12: # Process
13: if upload_img is not None:
14:
15:     bytes_data = upload_img.getvalue()
16:     cv2_img = cv2.imdecode(np.frombuffer(bytes_data, np.uint8),
17:                            cv2.IMREAD_COLOR)
18:     results = model(cv2_img,conf=0.5, classes=[0])
19:     output_img = results[0].plot(labels=True,conf=True)
20:     output_img = cv2.cvtColor(output_img, cv2.COLOR_BGR2RGB)
21:
22:     categories = results[0].boxes.cls
23:     person_num = len(categories)
24:
25: # Output
26:     st.image(output_img, caption='出力画像')
27:     st.text(f'人数は{person_num}人')
```

◉ 人数検出プログラム

```
1_ObjectDetection_app.py  ×                                    •••
 1  import streamlit as st
 2  import cv2
 3  import numpy as np
 4  from ultralytics import YOLO
 5
 6  # モデルの読み込み
 7  model = YOLO('yolov8n.pt')
 8
 9  # Input
10  upload_img = st.file_uploader("画像アップロード", type=['png','jpg'])
11
12  # Process
13  if upload_img is not None:
14
15      bytes_data = upload_img.getvalue()
16      cv2_img = cv2.imdecode(np.frombuffer(bytes_data, np.uint8),
17                             cv2.IMREAD_COLOR)
18      results = model(cv2_img, conf=0.5, classes=[0])
19      output_img = results[0].plot(labels=True, conf=True)
20      output_img = cv2.cvtColor(output_img, cv2.COLOR_BGR2RGB)
21
22      categories = results[0].boxes.cls
23      person_num = len(categories)
24
25  # Output
26      st.image(output_img, caption='出力画像')
27      st.text(f'人数は{person_num}人')
```

　22、23行目と最後の27行目が追加されています。細かい処理は後半に見ていきますが、resultsの結果から検知できたカテゴリーを抽出しています。今回の場合、事前に人のみに絞り込んであるので、人の数だけ0が格納されたデータ（配列）が作られますので、その中のデータの数を取得すれば人数をカウントできます。その結果を、最後に出力しています。

　では、アプリ画面に移って、先ほどと同様にファイルを指定してみましょう。

● 人数検出プログラムの実行結果

　下の方に、4人という数字がカウントできています。これで、人数を数えるということができましたね。画像系AIは、画像に検知結果を表示するだけでも非常に楽しいのですが、実際に業務などでアプリとして活用する場合は、AIの検知結果を引き出してデータ化することの方が重要です。今回のように、人数をしっかり数字として検知できれば、動画の人検知をすることで、人の人数がどのように変化するかを見られるようになります。

　そこで、本章のアプリ編としては最後の拡張として、動画への対応と人数計測結果をグラフにして表示してみましょう。さらに複雑になっていきますが、まず動かしていきましょう。

動画から人数計測結果をグラフとして出力しよう

　では、動画への拡張を行っていきます。動画は基本的には静止画の集まりでできています。後半の解説の中で詳細に取り扱いますが、簡単に言うと静止画1つ1つを切り出して、AIにかけていく処理になっていきます。

　まずは、動画をアップロードして、人を検出した結果を動画として出力してみま

しょう。動画の出力は本来であればOutputなのですが、動画は静止画を1つ1つ切りながら保存していくので、Processの中に入っていますので注意してください。アプリとしての画面出力はなくなるので、処理が終わったことを示す文章だけ出力します。

　これまでのプログラムとは大きくことなるので、まずはコピーしても良いので動かしてみましょう。

```
01: import streamlit as st
02: import cv2
03: import numpy as np
04: from ultralytics import YOLO
05: import tempfile
06:
07: # モデルの読み込み
08: model = YOLO('yolov8n.pt')
09:
10: # Input
11: upload_file = st.file_uploader("動画アップロード", type='mp4')
12:
13: # Process
14: if upload_file is not None:
15:
16:     temp_file = tempfile.NamedTemporaryFile(delete=False)
17:     temp_file.write(upload_file.read())
18:
19:     cap = cv2.VideoCapture(temp_file.name)
20:     width = cap.get(cv2.CAP_PROP_FRAME_WIDTH)
21:     height = cap.get(cv2.CAP_PROP_FRAME_HEIGHT)
22:     count = cap.get(cv2.CAP_PROP_FRAME_COUNT)
23:     fps = cap.get(cv2.CAP_PROP_FPS)
24:
25:     writer = cv2.VideoWriter('./data/output/object_detection_app_results.mp4',
26:                              cv2.VideoWriter_fourcc(*'MP4V',),fps,
27:                              frameSize=(int(width),int(height)))
```

```
28:     num = 0
29:     while cap.isOpened():
30:         if num > count :break
31:         ret, img = cap.read()
32:
33:         if ret:
34:             results = model(img,conf=0.5,classes=[0])
35:             img = results[0].plot(labels=False,conf=True)
36:             writer.write(img)
37:         num = num + 1
38:     cap.release()
39:     writer.release()
40:
41: # Output
42:     st.text(f'動画を出力しました')
43:
```

●動画による人検出プログラム

```
1_ObjectDetection_app.py  ×                                    •••

 1 import streamlit as st
 2 import cv2
 3 import numpy as np
 4 from ultralytics import YOLO
 5 import tempfile
 6
 7 # モデルの読み込み
 8 model = YOLO('yolov8n.pt')
 9
10 # Input
11 upload_file = st.file_uploader("動画アップロード", type='mp4')
12
13 # Process
14 if upload_file is not None:
15
16     temp_file = tempfile.NamedTemporaryFile(delete=False)
17     temp_file.write(upload_file.read())
18
19     cap = cv2.VideoCapture(temp_file.name)
20     width = cap.get(cv2.CAP_PROP_FRAME_WIDTH)
21     height = cap.get(cv2.CAP_PROP_FRAME_HEIGHT)
22     count = cap.get(cv2.CAP_PROP_FRAME_COUNT)
23     fps = cap.get(cv2.CAP_PROP_FPS)
24
25     writer = cv2.VideoWriter('../data/output/object_detection_app_results.mp4',
26                             cv2.VideoWriter_fourcc(*'MP4V',),fps,
27                             frameSize=(int(width),int(height)))
```

```
28      num = 0
29      while cap.isOpened():
30          if num > count :break
31          ret, img = cap.read()
32
33          if ret:
34              results = model(img,conf=0.5, classes=[0])
35              img = results[0].plot(labels=False, conf=True)
36              writer.write(img)
37          num = num + 1
38      cap.release()
39      writer.release()
40
41  # Output
42      st.text(f'動画を出力しました')
43
```

　st.file_uploader自体は変わりませんが、typeに動画ファイルであるmp4を追加しています。そして、if文でupload_fileがある場合、つまり動画が指定された場合に動画の人検知処理を開始しています。temp_fileはstreamlitでOpenCVを用いて動画を扱う場合に必要な処理で、一時的なファイル保存を行って、その保存したファイルに19行目からアクセスしています。動画の扱い方は後半に簡単に解説しますが、VideoCaptureで動画を読み込みます。読み込んだ動画を29行目から順番に1枚1枚静止画として切り出しながら、人検知を行っています。34、35行目は画像の時に処理したものと同じ処理なのが分かりますね。それとは別に、25行目で動画の保存のための準備を行っています。writerという変数の中に、人検知した結果を格納して動画ファイルとして出力しています。

　では、アプリ画面に移って動かしてみましょう。今度は、「sample_movie.mp4」を指定します。

●動画による人検出プログラムの実行中

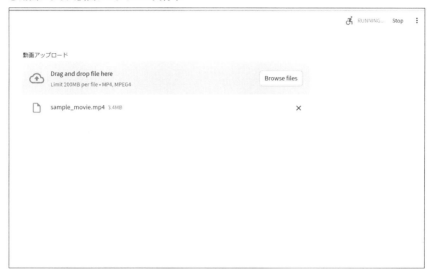

●動画による人検出プログラムの実行結果

　実行中は右上に「RUNNIG...」という文字が出ます。少し時間がかかりますが、実行が最後まで完了すると「動画を出力しました」のメッセージが出てきます。長い動画だとそれだけ処理に時間がかかるので注意しましょう。
　動画は、GoogleDrive上の「data」「output」フォルダ内に、「object_detection_app_results.mp4」として出力されています。ダブルクリックして結果を見てみましょう。

●動画による人検出プログラムの結果確認

　このように、人の検知ができていますね。
　それでは、最後に人数を検知してグラフ表示機能を追加してみましょう。

```
01: import streamlit as st
02: import cv2
03: import numpy as np
04: from ultralytics import YOLO
05: import tempfile
06: import pandas as pd
07:
08: # モデルの読み込み
09: model = YOLO('yolov8n.pt')
10:
```

```
11: # Input
12: upload_file = st.file_uploader("動画アップロード", type='mp4')
13:
14: # Process
15: if upload_file is not None:
16:
17:     temp_file = tempfile.NamedTemporaryFile(delete=False)
18:     temp_file.write(upload_file.read())
19:
20:     cap = cv2.VideoCapture(temp_file.name)
21:     width = cap.get(cv2.CAP_PROP_FRAME_WIDTH)
22:     height = cap.get(cv2.CAP_PROP_FRAME_HEIGHT)
23:     count = cap.get(cv2.CAP_PROP_FRAME_COUNT)
24:     fps = cap.get(cv2.CAP_PROP_FPS)
25:
26:     writer = cv2.VideoWriter('./data/output/object_detection_app_results.mp4',
27:                              cv2.VideoWriter_fourcc(*'MP4V',),fps,
28:                              frameSize=(int(width),int(height)))
29:     num = 0
30:     nums = []
31:     persons = []
32:     while cap.isOpened():
33:       if num > count :break
34:       ret, img = cap.read()
35:
36:       if ret:
37:         results = model(img,conf=0.5,classes=[0])
38:         img = results[0].plot(labels=False,conf=True)
39:         categories = results[0].boxes.cls
40:         person_num = len(categories)
41:         writer.write(img)
42:       nums.append(num)
43:       persons.append(person_num)
44:       num = num + 1
45:     cap.release()
```

59

```
46:    writer.release()
47:
48:    person_data = pd.DataFrame({'frame':nums, 'count':persons})
49:    person_data['sec'] = person_data['frame'] / fps
50:    person_data = person_data[['sec','count']]
51:
52: # Output
53:    st.line_chart(person_data,x="sec",y="count")
54:    st.dataframe(person_data)
```

● 人数グラフ描画のプログラム

```
1_ObjectDetection_app.py  ×                                      ...

 1 import streamlit as st
 2 import cv2
 3 import numpy as np
 4 from ultralytics import YOLO
 5 import tempfile
 6 import pandas as pd
 7
 8 # モデルの読み込み
 9 model = YOLO('yolov8n.pt')
10
11 # Input
12 upload_file = st.file_uploader("動画アップロード", type='mp4')
13
14 # Process
15 if upload_file is not None:
16
17     temp_file = tempfile.NamedTemporaryFile(delete=False)
18     temp_file.write(upload_file.read())
19
20     cap = cv2.VideoCapture(temp_file.name)
21     width = cap.get(cv2.CAP_PROP_FRAME_WIDTH)
22     height = cap.get(cv2.CAP_PROP_FRAME_HEIGHT)
23     count = cap.get(cv2.CAP_PROP_FRAME_COUNT)
24     fps = cap.get(cv2.CAP_PROP_FPS)
25
26     writer = cv2.VideoWriter('./data/output/object_detection_app_results.mp4',
27                              cv2.VideoWriter_fourcc(*'MP4V',), fps,
28                              frameSize=(int(width),int(height)))
```

```
29    num = 0
30    nums = []
31    persons = []
32    while cap.isOpened():
33        if num > count :break
34        ret, img = cap.read()
35
36        if ret:
37            results = model(img,conf=0.5,classes=[0])
38            img = results[0].plot(labels=False,conf=True)
39            categories = results[0].boxes.cls
40            person_num = len(categories)
41            writer.write(img)
42        nums.append(num)
43        persons.append(person_num)
44        num = num + 1
45    cap.release()
46    writer.release()
47
48    person_data = pd.DataFrame({'frame':nums, 'count':persons})
49    person_data['sec'] = person_data['frame'] / fps
50    person_data = person_data[['sec','count']]
51
52 # Output
53    st.line_chart(person_data, x="sec",y="count")
54    st.dataframe(person_data)
```

　pandasを用いてデータを整えるためにpandasライブラリのインポートを最初に追加しています。動画を読み込む処理などは変わらず、主な変更点は30行目以降です。numsとpersonsという配列に、1静止画（フレーム）ごとのフレームナンバーと人数を格納していきます。フレームナンバーは、1から順番に増えていきます。人数は、静止画でもやりましたが、39行目、40行目の処理ですね。48行目で集計したフレームナンバーと人数をpandasのデータフレームを使って整形しています。これで、フレームナンバーごとの人数が対応付けられます。

　さらに、フレームナンバーだと分かりにくいので、秒数(sec)に変換します。こちらも後半に細かく解説しますが、今回の動画はフレームレートが30となっており、1秒間に30個の静止画で成り立っています。そのため、フレーム番号が30だと1秒、60だと2秒になります。つまり、フレームナンバーをフレームレートで割れば秒数が算出できます。

　最後に、st.line_chartでグラフを、st.dataframeでデータフレームを出力しています。

　早速、アプリ画面に移って見てみましょう。

▼人数グラフ描画プログラムの実行結果

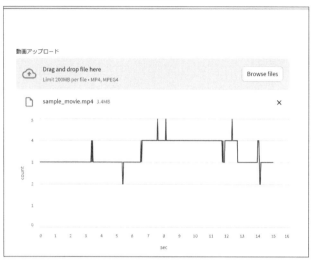

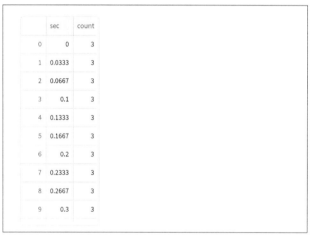

　前回と同じく実行には時間がかかりますが、実行が終わるとグラフが表示され
ます。また、グラフの下にスクロールしていくと、データフレームに格納された
データを見ることもできます。0秒の時は3人であったのが確認できますね。
　もし、いつまでたっても画面が出てこない場合は、Google Colaboratoryに
戻って、下記のセルを一度止めてから、再度動かし、表示されるURLにアクセス
し直してみてください。

```
# Streamlitを動かす処理
!streamlit run 1_ObjectDetection_app.py & sleep 3 && npx localtunnel --port
8501
```

　さて、このグラフを見てみると、データがスパイクしている部分があります。例えば3秒後のところでは、4人と見えており動画を確認すると1人が軽くチラッと見えている部分です。一方で、5人とカウントしている部分がありますが、動画は全部で4人なので5人と検知されているのは完全に誤検知です。これは人が重なったりしているのも影響している可能性があります。ここで重要なのは、AIは100%の精度はあり得ないということです。そのため、今回のようなデータをどのように扱っていくのかを考えることの方が重要です。例えば、交通量を測定する場合に、交通量の絶対値を出すのは難しいものの、平日よりも休日の方が〇〇％交通量が多いなどの比較には有効でしょう。

　さて、ここまでで第1章のアプリ編は終了です。最初に静止画をもとに物体検知AIを活用しつつ、最終的には人を検知して人数をグラフにするところまでやってみました。結局、AIは絶対のものではなく、どう使うかは使う人間によって決まるものです。ここまでアプリを作って物体検知AIを体験した皆さんなら、交通量の絶対値をAIで測定することがナンセンスであるかが分かるかと思います。だからといって、「AIは使えない」と断定するのではなく、アプリを通じていろんな活用イメージを持ち、正しくAIを活用することが重要なので覚えておきましょう。

Section 1-2 物体検知AIを紐解こう

　さて、後半では、物体検知AIを1つ1つ実行しながら紐解いていきます。なお、1章/2章では画像を扱いますので、1章で画像や動画の取り扱いも説明します。どんなデータ形式なのかを意識しながら、どんな条件を渡すとAIはどのような結果を返してくれるのかを動かしながら学んで、AIのIPOを紐解いていきましょう。最初に、画像/動画の取り扱いを説明して、その後に、静止画をもとにAIを紐解

いていきます。1章では画像/動画の扱いも説明するので少し長くなりますが、頑張って理解していきましょう。

画像データを扱ってみよう

ここからは、Google Colaboratoryの本来の機能を活用して、1つ1つセルを実行しながら、AIをいろいろ動かしていきましょう。AIを動かす前に、基本中の基本である画像データの取り扱いに関して押さえていきましょう。「1_物体検知AIの理解.ipynb」をクリックしてください。なお、「1_物体検知AIの理解_answer.ipynb」という形でサンプルコードも用意していますが、プログラミングになれるのであれば、1つ1つコードを理解しながら打ち込んでいく、もしくは1行ずつコピーしていくと理解が深まるでしょう。

それでは、まずは準備になります。

```
!pip install ultralytics
```

▼ ライブラリのインポート

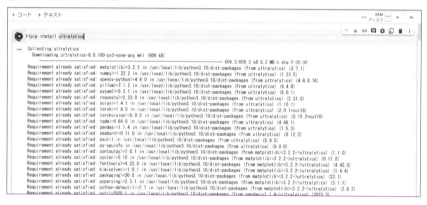

こちらはこれまでやってきたのと変わりませんね。ultralyticsライブラリのインポートとなります。続いてGoogle Driveへの接続を行います。

```
# Google Driveと接続を行います。これを行うことで、Driveにあるデータにアクセスできるよう
になります。
# 下記セルを実行すると、Googleアカウントのログインを求められますのでログインしてください。
from google.colab import drive
drive.mount('/content/drive')


# 作業フォルダへの移動を行います。
# もしアップロードした場所が異なる場合は作業場所を変更してください。
import os
os.chdir('/content/drive/MyDrive/ai_app_dev/1章') #ここを変更
```

◎Google Driveへの接続

　ここもこれまでと変わらずGoogle Driveへの接続になります。アカウントにログインして、許可をクリックしてください。これで、Google Driveのデータにアクセスできるようになりました。

　では、続いて静止画（画像）データを扱っていきます。まずは、こちらで用意した画像データをPythonで読み込みます。

```
import cv2
img = cv2.imread('data /input/img01.png')
```

◎画像データの読み込み

```
[3]  import cv2
     img = cv2.imread('data/input/img01.png')
```

　ここでは何も表示されませんが、エラーが表示されなければ問題なくデータを読み込めています。今回はCV2というOpenCVライブラリを読み込んでいます。

　では、読み込んだデータを表示してみましょう。

```
print(img)
print(img.shape)
```

●画像データの形状確認

```
print(img)
print(img.shape)
```

```
[[[151 173 188]
  [151 173 188]
  [151 173 188]
  ...
  [163 184 202]
  [163 184 202]
  [163 184 202]]

 [[151 173 188]
  [151 173 188]
  [151 173 188]
  ...
  [163 184 202]
  [163 184 202]
  [163 184 202]]

 [[151 173 188]
  [151 173 188]
  [151 173 188]
  ...
  [163 184 202]
  [163 184 202]
  [163 184 202]]

 ...
```

```
...
```

```
[[165 147 144]
 [173 155 152]
 [196 178 175]
 ...
 [ 40  45  45]
 [ 40  45  45]
 [ 40  45  45]]

[[214 205 202]
 [222 213 210]
 [218 207 204]
 ...
 [ 39  44  44]
 [ 39  44  44]
 [ 39  44  44]]

[[218 209 206]
 [196 187 184]
 [188 177 174]
 ...
 [ 38  43  43]
 [ 38  43  43]
 [ 38  43  43]]]
(480, 640, 3)
```

　imgという変数で読み込んだので、print(img)で出力できます。また、img. shapeを用いるとimgデータの形状が分かります。

　出力された結果を見ると数字が羅列されています。コンピューターは基本的に数字データしか扱うことができません。画像データの場合、0〜255の間で表現される数字の羅列になっています。最後に、(480, 640, 3)とありますが、これは縦480、横640ピクセルのデータであり、カラー画像なのでRGBの3色のデータとなっています。白黒の場合は最後の数字は3ではなく1になります。つまり、画像データは次図のようになっているのです。

●画像データの形式

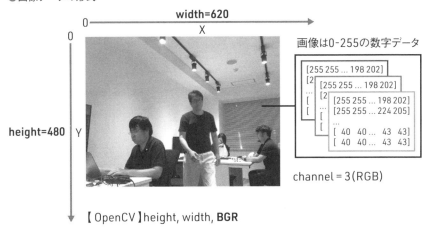

では、続いて、Google Colaboratory上で画像を表示してみましょう。

```
from google.colab.patches import cv2_imshow
cv2_imshow(img)
```

▼画像の表示

```
from google.colab.patches import cv2_imshow
cv2_imshow(img)
```

　これは、あくまでもGoogle Colaboratory上で表示させるものですので、絶対に覚えるべきものではないのですが、先ほどの数字データがcv2_imshowでしっかり表示可能なことは確認しておきましょう。これはcv2_imshowとあるように、Google Colaboratory上でOpenCVのライブラリを使って読み込むものです。先ほども述べましたが、OpenCVは画像系を扱うのに便利なライブラリですが、少し特殊なのはBGRの順番でデータを扱う点です。他にもPILというライブラリがあり、こちらはRGBの順番で扱います。では、最後に先ほどOpenCVで読み込んだデータをPILで出力してみましょう。OpenCVはBGRですが、PILはRGBなので、色が正しく出ないはずです。

```
from PIL import Image
from IPython.display import display
tmp = Image.fromarray(img)
display(tmp)
```

● PILでの画像の表示

```
from PIL import Image
from IPython.display import display
tmp = Image.fromarray(img)
display(tmp)
```

　いかがでしょうか。色が変な感じで出力されていませんか。繰り返しになりますが、OpenCVはBRGで読み込んでいますが、PILはRGBの順番で来ると思っています。そのため、本来、Redのデータが来ると考えられているのに、Blueのデータが来ているため色がおかしくなります。アプリ編では軽く扱っていますが、cv2.cvtColor(img, cv2.COLOR_BGR2RGB)などによって、簡単にBGRデータからRGBのデータに変換可能ですので、色が変に出力されている場合はここを疑ってみると良いでしょう。

　さて、画像の取り扱いは大分慣れてきましたか。あくまでも画像というのは、数字の集まりであり、ピクセル数やRGBなどと密接に関係しています。画像をInputするというのは、ここで扱ったように、幅×高さ×色数の数字データをInputするということなのでしっかり覚えておきましょう。アプリ編では、画像をInputするという理解から、画像をInputするというのは数字データをInputするということまで深堀りできましたね。

　では、続いて動画を扱っていきましょう。

動画データを扱ってみよう

動画データは、基本的には画像（静止画）の集まりになっています。そのため、画像の扱いに慣れていれば、動画の扱いは簡単です。ただし、動画を1枚1枚取り出して処理したりする必要があるため、プログラムは複雑になりがちなので、ここで押さえておきましょう。

▼動画データとは

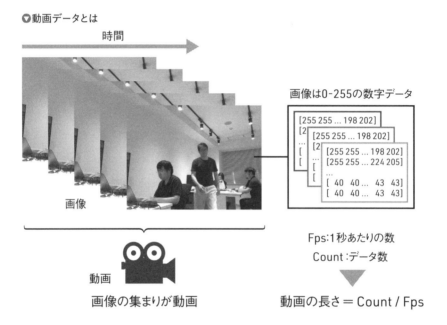

まずは、動画ファイルを読み込んでいきます。今回は、「data」「input」フォルダ内にある「sample_movie.mp4」を読み込んでいきます。

```
cap = cv2.VideoCapture("data/input/sample_movie.mp4")
```

▼動画データの読み込み

```
[7]  cap = cv2.VideoCapture("data/input/sample_movie.mp4")
```

動画はcv2.VideoCaptureで読み込むことができます。ここでは読み込んだだ

けなので何も表示されません。では続いて、読み込んだ動画の情報を出力してみましょう。

```
width = cap.get(cv2.CAP_PROP_FRAME_WIDTH)
height = cap.get(cv2.CAP_PROP_FRAME_HEIGHT)
count = cap.get(cv2.CAP_PROP_FRAME_COUNT)
fps = cap.get(cv2.CAP_PROP_FPS)
print(width, height, count, fps)
```

●動画情報の表示

```
[9] width = cap.get(cv2.CAP_PROP_FRAME_WIDTH)
    height = cap.get(cv2.CAP_PROP_FRAME_HEIGHT)
    count = cap.get(cv2.CAP_PROP_FRAME_COUNT)
    fps = cap.get(cv2.CAP_PROP_FPS)
    print(width, height, count, fps)

    640.0 480.0 450.0 30.0
```

　cap.getという関数を使うと動画の情報を取得することができます。読んでわかるように、幅、高さ、数、フレームレートを取得して出力しています。幅、高さを見るとわかるように、先ほどの640、480と同じなので画像の大きさであることが分かりますね。カウントというのは、この動画に含まれている画像の数で、この動画は450データの静止画から構成されていることが分かります。フレームレートというのは、アプリ編でも少し触れましたが、1秒間に含まれている静止画の数です。つまり、1秒に30枚の静止画で構成されています。パラパラ漫画を想像してもらえるとわかりますが、1秒間に1枚（フレームレートが1）だとカクカク動きますが、1秒間のデータ数が増えれば増えるほど滑らかに動きます。カメラなどで撮影すると、30か60あたりが一般的でしょう。これを考えると、動画の秒数は、count/fpsで計算できます。試してみましょう。

```
count/fps
```

●動画の秒数

```
[10] count/fps

     15.0
```

15という結果が表示され、この動画が15秒の動画であることが分かります。ここでは確認しませんが、興味のある方は、動画を再生して長さを確認してみると良いでしょう。

では、最後にこの動画を1枚ずつ切り出して、画像として保存してみます。1枚ずつ情報を取り出すことができれば、先ほどの画像の取り扱いと同じになりますね。ここでは10枚だけ切り出してみましょう。

```
os.makedirs("data/output/snapshot", exist_ok=True)
num = 0
while(True):
  if num >= 10:break

  ret, frame = cap.read()
  if ret:
    filepath = "data/output/snapshot/snapshot_" + str(num) + ".jpg"
    cv2.imwrite(filepath,frame)
    num = num + 1
cap.release()
```

●動画の切り出し

```
[16] os.makedirs("data/output/snapshot", exist_ok=True)
     num = 0
     while(True):
       if num >= 10:break

       ret, frame = cap.read()
       if ret:
         filepath = "data/output/snapshot/snapshot_" + str(num) + ".jpg"
         cv2.imwrite(filepath, frame)
         num = num + 1
     cap.release()
```

結果は何も出力されませんが、Google Drive上の「data」「output」「snapshot」フォルダ内に10個の静止画が出力されています。ここで重要なのは、while文で繰り返し処理を行っており、cap.readで1枚1枚静止画として情報を抽出しています。その抽出したデータをimwriteで出力しています。if num >= 10:breakによってnumが10になったらこのwhile文から抜けるので、10枚の画

像（0〜9の10枚）が出力されます。最後に、cap.release()して、読み込んだ動画を開放しています。そのため再度やりたい場合などは、cv2.VideoCaptureから実行し直す必要があるので覚えておきましょう。

いかがでしょうか。動画は画像の集まりであることを理解できましたか。そのため、基本的には画像で試しながら、動画に拡張していくのが良いでしょう。

では、次からはいよいよ物体検知AIの理解に進んでいきます。

画像の物体検知を行って物体検知AIの中身を知ろう

では、画像の物体検知を1つ1つやっていきます。アプリ編と被る部分もありますが、1つ1つの出力を確認できるのがGoogle Colaboratoryの良いところです。

まずは、ライブラリのインポート、画像に指定、モデルの読み込み、AIによる予測まで一気にやってしまいましょう。

```
from ultralytics import YOLO
img = 'data/input/img01.png'


model = YOLO('yolov8n.pt')
results = model(img,conf=0.5)
```

●物体検知AIの実行

エラーが出なければ問題ありません。たった数行でAIによる予測まで行えるのは本当に感動します。ここではAIの詳細の説明は行いませんが、ここで扱うモデルはYOLOというモデルで、「You Only Look Once」の略です。基本概念は踏襲しつつも、どんどんバージョンアップを繰り返している物体検知のメジャーアルゴリズムです。ここで用いているのはYOLOのV8となっています。他にもSSDなどいろんなモデルが開発されているので興味のある方は見てみると良いでしょう。

ただ、どのアルゴリズムも基本的には、どこに何が写っているかの情報を予測するモデルで、精度と速度がトレードオフなのは変わりません。

では、続いてその結果を見てみましょう。

```
results
```

◉物体検知の結果

結果は、resultsに格納されているので、表示してみましたが、いろんな情報が含まれていそうですね。ここでは一部分しか掲載していませんが、スクロールすると様々な情報を見ることができます。

この中から検知結果を取り出していきましょう。

```
boxes = results[0].boxes.xyxy
scores = results[0].boxes.conf
categories = results[0].boxes.cls
print(boxes)
print(scores)
print(categories)
```

◉物体検知の結果詳細

```
[19]  boxes = results[0].boxes.xyxy
      scores = results[0].boxes.conf
      categories = results[0].boxes.cls
      print(boxes)
      print(scores)
      print(categories)

      tensor([[303.7724, 170.7430, 443.3774, 479.8737],
              [512.6593, 284.0887, 639.7052, 479.6802],
              [ 67.7411, 252.7021, 265.3826, 478.8133],
              [  0.0000, 367.7473,  84.6740, 452.4474],
              [433.9275, 308.1132, 474.2065, 385.5617]])
      tensor([0.9270, 0.9239, 0.9073, 0.6474, 0.5977])
      tensor([ 0.,  0.,  0., 63.,  0.])
```

　今回使用しているYOLOV8モデルでは検知結果を、results[0].boxes.xyxyのように取り出すことができます。物体検知モデルは、どこの場所に、どのような物体が写っているかを予測します。どこの場所というのがboxesで、どのような物体というのがcategoriesです。さらに、scoresという変数で確信度を取得しています。これは、アプリ編でも簡単に述べましたが、その予測結果の自信を表すものです。アプリ編をやった方は実感しているかもしれませんが、例えば、半分しか人が写っていない場合などはこの値は小さくなりやすいです。今は、0.5以上しか出力しませんが、あとでこの値をいじってみましょう。

　boxesはxyxyとあるように、左上、右下のX、Y座標となっています。Xは横方向、Yは縦方向です。categoriesは、クラス名でアプリ編でも述べましたが、0はpersonで63がlaptopとなっています。laptopの63は配列の4番目なので、座標も4番目の配列位置である[0.0000, 367.7473, 84.6740, 452.4474]にあるということです。つまり、左上の座標のXが0なので左端にあり、Yが367となっており画像高さの480に近いことから写真の左下方向にあると考えられます。

　最後に、念のため結果を出力してみましょう。この結果を描画して表示してみます。描画はアプリ編でもやっていますし、表示は先ほどのcv2_imshowで表示できます。

```
output_img = results[0].plot(labels=True,conf=True)
cv2_imshow(output_img)
```

75

◉物体検知結果の表示

```
[20]  output_img = results[0].plot(labels=True, conf=True)
      cv2_imshow(output_img)
```

　YOLOV8には、plotという関数が用意されており、簡単に表示が可能です。labelsやconfは先ほどの「どのような物体」と「AIの自信度」を表示させる場合に指定します。Falseを指定すれば消えます。四角い囲みが「どこの場所」というboxesの情報から描画したものになります。laptopは予想通り左下にありましたね。

　これで、物体検知AIの中身についての説明は終了です。ここで注意が必要なのは、YOLOV8の場合、と表記した部分などです。これは使用するアルゴリズムやオープンソースのプログラムによって異なります。YOLOV8はかなり便利な使い方が可能ですが、他のプログラムなどではそのまま使えないことが多いです。しかし、重要なのはここでもIPOを押さえることです。物体検知である以上、「どこに」「なんの物体」が「どのくらいの確信度」で写っているのかを押さえることが重要です。巷に転がっているオープンソースを理解するのは少し難しいのですが、チュートリアルなども用意されている場合が多いので、1つ1つ動かしながら、どんなデータをインプットして、どんなアウトプットが返ってくるのかを確認していくと良いでしょう。

　では、続いて少しだけパラメータをいじったりモデルの中身も見ていきましょう。

物体検知のパラメータを変えて出力させてみよう

さて、まずは物体検知のパラメータとして、確信度をいじってみましょう。

```
model = YOLO('yolov8n.pt')
img = 'data/input/img01.png'
results = model(img,conf=0.1)
```

● パラメータconfを変更

```
[22] model = YOLO('yolov8n.pt')
     img = 'data/input/img01.png'
     results = model(img,conf=0.1)

     image 1/1 /content/drive/MyDrive/ai_app_dev/1章/data/input/img01.png: 480x640 4 persons, 1 tie, 4 chairs, 1 dining table, 1 tv, 2 laptops, 1 remote, 420.0ms
     Speed: 3.2ms preprocess, 420.0ms inference, 1.6ms postprocess per image at shape (1, 3, 480, 640)
```

いつもの処理と変わりませんが、confに0.1を指定しています。先ほどまでは0.5でしたが、これを0.1に変えることでどう変わるのか見てみましょう。せっかくなので、boxesなどを出力してみます。

```
boxes = results[0].boxes.xyxy
scores = results[0].boxes.conf
categories = results[0].boxes.cls
print(boxes)
print(scores)
print(categories)
```

● パラメータconfを変更した予測結果

```
[23] boxes = results[0].boxes.xyxy
     scores = results[0].boxes.conf
     categories = results[0].boxes.cls
     print(boxes)
     print(scores)
     print(categories)

     tensor([[3.0377e+02, 1.7074e+02, 4.4338e+02, 4.7987e+02],
             [5.1266e+02, 2.8409e+02, 6.3971e+02, 4.7968e+02],
             [6.7741e+01, 2.5270e+02, 2.6538e+02, 4.7881e+02],
             [0.0000e+00, 3.6775e+02, 8.4674e+01, 4.5245e+02],
             [4.3393e+02, 3.0811e+02, 4.7421e+02, 3.8556e+02],
             [2.6038e+02, 3.6128e+02, 3.1079e+02, 4.7924e+02],
             [0.0000e+00, 2.1378e+02, 2.0725e+01, 3.7132e+02],
             [2.1078e+02, 3.6102e+02, 3.1435e+02, 4.7995e+02],
             [4.3122e+02, 3.8409e+02, 5.5117e+02, 4.7957e+02],
             [2.1315e+02, 3.6075e+02, 2.8231e+02, 4.7956e+02],
             [5.3380e+02, 3.6932e+02, 5.5566e+02, 3.8568e+02],
             [1.4405e+02, 4.4826e+02, 2.1950e+02, 4.7960e+02],
             [2.8204e-01, 3.5739e+02, 1.4938e+02, 4.7771e+02],
             [5.7124e+02, 3.3434e+02, 5.8572e+02, 3.7559e+02]])
     tensor([0.9270, 0.9239, 0.9073, 0.6474, 0.5977, 0.4826, 0.2465, 0.2397, 0.2369, 0.2210, 0.1761, 0.1686, 0.1329, 0.1313])
     tensor([ 0.,  0., 63.,  0., 56., 62., 56., 60., 56., 65., 56., 63., 27.])
```

　先ほどとプログラムコードは同じなので説明はいりませんね。いかがでしょう。先ほどに比べて表示されている数が多くなっていますね。また、scoresの結果に0.1313などのような低い値も見られます。また、categoriesも多くの数字が並んでいます。これは、確信度は低いものも予測結果として抽出しているからなのです。では、表示してみましょう。

```
output_img = results[0].plot(labels=True,conf=True)
cv2_imshow(output_img)
```

🔻パラメータconfを変更した予測結果

　こちらも先ほどと同じプログラムコードですね。表示された結果を見ると、椅子やテレビ、ネクタイなども検知されています。テレビはちょっとしか写っていないのに検知できているのは良いことですが、ネクタイなどは完全に誤検知です。このように、確信度を下げると、様々なものが検知できる一方で誤検知も多くなるので注意しましょう。この辺の値は基本的には0.5に設定しながらも用途に応じて調整していく必要があります。では、最後にパラメータではないのですが、このモデルが予測できる対象一覧を出力してみましょう。

```
model.names
```

◎検知対象一覧

```
✓  [25]  model.names
○
秒
        [0: 'person',
         1: 'bicycle',
         2: 'car',
         3: 'motorcycle',
         4: 'airplane',
         5: 'bus',
         6: 'train',
         7: 'truck',
         8: 'boat',
         9: 'traffic light',
        10: 'fire hydrant',
        11: 'stop sign',
        12: 'parking meter',
        13: 'bench',
        14: 'bird',
        15: 'cat',
        16: 'dog',
        17: 'horse',
        18: 'sheep',
        19: 'cow',
        20: 'elephant',
        21: 'bear',
        22: 'zebra',
        23: 'giraffe',
        24: 'backpack',
        25: 'umbrella',
        26: 'handbag',
        27: 'tie',
        28: 'suitcase',
        29: 'frisbee',
        30: 'skis'
```

　検知対象の一覧は、model.names で取得可能です。スクロールしていくと79番まで存在し、0から79までの80個の検知対象があることが分かります。例えば、車を検知したければ2番だけを指定すれば抽出が可能になります。迷ったら一覧を表示して番号を確認してみると良いでしょう。

写っている人の数を数えてみよう

　では、最後に人だけに絞り込んで、人数をカウントしてみます。アプリ編でも扱っている内容になりますが、1つ1つ出力した結果を理解していきましょう。

　まずは、予測結果を得るところからですね。

```
model = YOLO('yolov8n.pt')
img = 'data/input/img01.png'
results = model(img,conf=0.5, classes=[0])
```

◯人検出

```
✓ [28]  model = YOLO('yolov8n.pt')
1        img = 'data/input/img01.png'
秒       results = model(img,conf=0.5, classes=[0])


        image 1/1 /content/drive/MyDrive/ai_app_dev/1章/data/input/img01.png: 480x640 4 persons, 442.5ms
        Speed: 12.7ms preprocess, 442.5ms inference, 1.9ms postprocess per image at shape (1, 3, 480, 640)
```

　今回は、0番、つまり人だけに絞り込んでいます。人と車とかであれば、[0,2]の
ように指定すれば絞り込みが可能です。ではこれまでと同様に結果の詳細を出力
してみましょう。

```
boxes = results[0].boxes.xyxy

scores = results[0].boxes.conf

categories = results[0].boxes.cls

print(boxes)

print(scores)

print(categories)
```

◯人検出の予測結果詳細

```
✓ [29]  boxes = results[0].boxes.xyxy
0        scores = results[0].boxes.conf
秒       categories = results[0].boxes.cls
        print(boxes)
        print(scores)
        print(categories)

        tensor([[303.7724, 170.7430, 443.3774, 479.8737],
                [512.6593, 284.0887, 639.7052, 479.6802],
                [ 67.7411, 252.7021, 265.3826, 478.8133],
                [433.9275, 308.1132, 474.2065, 385.5617]])
        tensor([0.9270, 0.9239, 0.9073, 0.5977])
        tensor([0., 0., 0., 0.])
```

　この結果を見ると、categoriesは0だけが4つ並んでおり、人だけを抽出でき
ているのが分かります。試しに描画してみましょう。

```
output_img = results[0].plot(labels=True,conf=True)

cv2_imshow(output_img)
```

🔽 人検出の予測結果の表示

```
[30]   output_img = results[0].plot(labels=True,conf=True)
       cv2_imshow(output_img)
```

しっかりと人が検出できているのが確認できましたね。では、プログラムとして人数を取得するにはどうすれば良いでしょうか。ここまでやってきたので想像がつくかもしれませんが、例えば、categoriesは今回は0（人）しか検知していないので、categoriesの配列の数を数えることで簡単に取得できます。

```
print(len(categories))
```

🔽 人の検知人数の表示

簡単ですね。ただし、アプリ編ではやりませんでしたが、人だけではなく人と車などのように複数の検知対象を取得する場合はこの方法は使えません。ただし、取得したい対象が決まっていれば、下記のようなIf文を用いて抽出したい対象だけ取得も可能です。

```
from ultralytics import YOLO
img = 'data/input/img01.png'


model = YOLO('yolov8n.pt')
results = model(img,conf=0.5)


categories = results[0].boxes.cls


persons = [x for x in categories if x == 0]
laptops = [x for x in categories if x == 63]
print(f'人の数:{len(persons)}')
print(f'PCの数:{len(laptops)}')
```

● 検知対象数の表示

```
[41] from ultralytics import YOLO
     img = 'data/input/img01.png'

     model = YOLO('yolov8n.pt')
     results = model(img,conf=0.5)

     categories = results[0].boxes.cls

     persons = [x for x in categories if x == 0]
     laptops = [x for x in categories if x == 63]
     print(f'人の数:{len(persons)}')
     print(f'PCの数:{len(laptops)}')


     image 1/1 /content/drive/MyDrive/ai_app_dev/1章/data/input/img01.png: 480x640 4 persons, 1 laptop, 328.3ms
     Speed: 3.6ms preprocess, 328.3ms inference, 1.8ms postprocess per image at shape (1, 3, 480, 640)
     人の数：4
     PCの数：1
```

　人に絞り込まないで予測を実行し、categoriesを取得しています。

　人に加えて、laptopの数も数えてみます。personsとlaptopsで、categories
の中から該当の番号だった場合のみ取得し、配列を作成しています。その配列を
数えることで、人の数とPCの数を数えることができます。

　いかがでしたでしょうか。ここでは動画による人の検出は取り扱いませんが、ア
プリ編を見返して、1つ1つの処理を確認していくと、理解がさらに深まるでしょ
う。繰り返しになりますが、動画は画像の集まりです。今回の人数を検知した結
果を配列に格納していけば、動画を通しての人数を計測することは可能ですので

覚えておきましょう。

　また、ここまでで物体検知AIを紐解いていく練習は終わりです。画像や動画の取り扱いもあったので、長くなってしまいましたが、アプリ編も見返すとさらに理解が深まるのでぜひ振り返りを実施してみてください。

　これで、人やモノを検知するAIを活用した1章は終了です。お疲れ様でした。アプリを拡張していきながらAIを活用していく前半と、AIや画像の取り扱いを学ぶ後半はどちらも必要なものだと考えています。前半はアイデアを膨らませるには良い場ですが、一方で中身を理解しないとプログラミングすることができないため、後半の知識を入れるのが重要になってきます。これらはどちらが欠けてもダメで、バランスよくやっていくことで相乗効果を生み、新しい技術を活用した新しいアプリを作成し、それが業務での活用につながっていきます。

　次章では、画像系は変わらず、顔や骨格を推定するAIを用いてアプリを作成していきます。楽しんでいきましょう！

骨格や顔の部位を
推定するAIでアプリを
作ってみよう

1章では画像や動画の取り扱いを学びながら、画像系AIの最もスタンダードな技術である物体検知を用いて、人やモノを検知するアプリを作成してきました。続いては、人の骨格や顔の部位を推定する技術を用いてAIアプリを作成していきます。

前回に引き続き、画像を取り扱っていくので、復習も兼ねて進めていきましょう。骨格や顔の部位を推定する技術は、「どこに」「どの部位」が存在するのかを予測する技術です。骨格推定技術を用いてどちらの手を挙げているのかを検知するアプリを作成し、顔の部位推定技術を用いて目線が左右のどちらに向いているのかを検知するアプリを作成します。1章と同様に前半ではアプリ作成を、後半ではAIのIPOを動かしながら押さえていきます。なお、本章ではmediapipeというGoogleが提供しているオープンソースライブラリを使用します。このmediapipeはまだまだどんどん改良が続いており、新しいソースが出てきていますが、Legacyと定義されている少し古い使用方法の方は直感的に分かりやすく、様々な関数も用意されているので、LegacyのVersionを用います。

Section 2-1 骨格推定アプリを作成しよう

　それではまずは骨格推定アプリを作成していきます。骨格推定は1章で扱った物体検知技術と同様に画像をもとに「どこに」「どの部位」があるのかを予測します。そのため、Inputは、基本的には画像(静止画)になります。動画は画像(静止画)の集まりであることは1章でも説明しましたので、動画であっても基本的には画像を扱っていることになります。ここでは動画は扱わずに、画像(静止画)をInputとして進めていきます。そう考えると、IPOは、Inputが画像で、その画像をもとに「どこに」「どの部位」写っているのかを予測するというProcessを行い、その結果を数字や画像データとして出力します。

カメラインプット機能を作成しよう

　では、まずは、Input機能を作成していきましょう。1章では、カメラ画像から取り込むcamera_inputと、ファイルをアップロードするfile_uploaderの2つを学びましたね。パソコンの内蔵カメラだと、全身を写すのが大変なので、ここではファイルアップロードで対応しましょう。1章の復習も兼ねて進めていきます。

　まずは、streamlitを動かしていきます。Google Driveにアクセスして2章のフォルダに入っている「2_run_streamlit.ipynb」をダブルクリックして起動しましょう。

🔽「2_run_streamlit.ipynb」の起動

　起動すると、序章、1章と同じような処理が書かれています。今回は細かい説明は行いませんが、大きな違いはライブラリのインストールで、mediapipeをインストールしているところです。mediapipeは、今回使用するAIのためのライブラリとなっています。

　それでは上から順番に実行して、Google Driveへの接続とstreamlitの起動を行ってしまいましょう。

🔽セルの実行

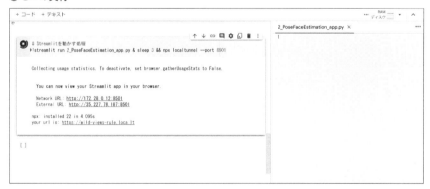

　1章とまったく同じです。問題なく実行できたらURLにアクセスして、streamlit
の画面を開きましょう。「your url is:」にあるURLをクリックして画面が表示され
たら、「External URL :」に書いてあるアドレスを入力し、Click to Submitを押し
ます。真っ白な画面が表示されますが、まだ「2_PoseFaceEstimation_app.py」
に何も記述していないのでそれで問題ありません。

　それでは、早速ファイルアップロード機能を実装して、画像を読み込めるように
していきましょう。ブラウザのタブからGoogle Colaboratoryに戻って、「2_
PoseFaceEstimation_app.py」の部分にプログラムを記載します。

```
01: import streamlit as st
02: import cv2
03: import numpy as np
04:
05:
06: # Input
07: upload_img = st.file_uploader("画像アップロード", type=['png','jpg'])
08:
09: # Process
10: if upload_img is not None:
11:
12:     bytes_data = upload_img.getvalue()
13:     cv2_img = cv2.imdecode(np.frombuffer(bytes_data, np.uint8),
14:                            cv2.IMREAD_COLOR)
15:     output_img = cv2.cvtColor(cv2_img, cv2.COLOR_BGR2RGB)
16:
17: # Output
18:     st.image(output_img, caption='出力画像')
```

● ファイルアップロード機能のプログラム

```
2_PoseFaceEstimation_app.py  ×                              ・・・

1  import streamlit as st
2  import cv2
3  import numpy as np
4
5
6  # Input
7  upload_img = st.file_uploader("画像アップロード", type=['png'
8
9  # Process
10 if upload_img is not None:
11
12     bytes_data = upload_img.getvalue()
13     cv2_img = cv2.imdecode(np.frombuffer(bytes_data, np.uint8
14                            cv2.IMREAD_COLOR)
15     output_img = cv2.cvtColor(cv2_img, cv2.COLOR_BGR2RGB)
16
17 # Output
18     st.image(output_img, caption='出力画像')
```

　1章でもファイルアップロード機能はやったので大丈夫ですね。

　最初にライブラリをインポートして、7行目でファイルアップロード機能を実装しています。Processは、もしファイルがアップロードされた場合、OpenCVで使えるようにデータを読み込んで、表示するためにBGRからRGBに変換して、そのまま画像を表示しています。1章でも説明しましたが、OpenCVはBRG系ですが、streamlitはRGB系なので変換が必要です。

　では、アプリ画面に移って実行してみましょう。「Browse Files」をクリックして、ファイルを指定します。今回は、2章の「data」「input」フォルダの中にある「img02.png」を指定します。1章でも述べましたが、Google Drive上のファイルではなく、あくまでも自分のPC上のファイル（ローカルファイル）を指定してください。秀和システムのURLからサンプルコードをダウンロードしてあると思いますので、その中のデータを指定します。

🔻ファイルアップロード機能の実行

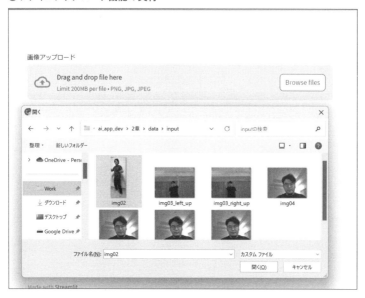

🔻ファイルアップロード機能の実行結果

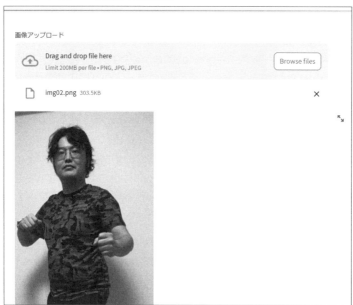

　実行すると、ファイルはアップロードされて、そのまま画像が出力されます。
アップロードしたファイルをただ表示させただけですが、しっかりOpenCVで読
み込みまでできています。

骨格推定機能を実装しよう

　では、次に骨格推定を行い、その結果を描画してみましょう。1章と同様です
が、後半にAIの説明は行いますので、まずは動かしてみましょう。

```
01: import streamlit as st
02: import cv2
03: import numpy as np
04: import mediapipe as mp
05:
06: mp_pose = mp.solutions.pose
07: mp_drawing = mp.solutions.drawing_utils
08:
09: pose = mp_pose.Pose(static_image_mode=True,
10:                     min_detection_confidence=0.5, model_complexity=2)
11:
12: # Input
13: upload_img = st.file_uploader("画像アップロード", type=['png','jpg'])
14:
15: # Process
16: if upload_img is not None:
17:
18:     bytes_data = upload_img.getvalue()
19:     cv2_img = cv2.imdecode(np.frombuffer(bytes_data, np.uint8),
20:                            cv2.IMREAD_COLOR)
21:     img = cv2.cvtColor(cv2_img, cv2.COLOR_BGR2RGB)
22:     results = pose.process(img)
23:     output_img = img.copy()
24:     mp_drawing.draw_landmarks(output_img,results.pose_landmarks,
25:                               mp_pose.POSE_CONNECTIONS,)
26:
```

```
27: # Output
28:     st.image(output_img, caption='出力画像')
```

▼骨格推定のプログラム

```
2_PoseFaceEstimation_app.py ×                                    •••
 1 import streamlit as st
 2 import cv2
 3 import numpy as np
 4 import mediapipe as mp
 5
 6 mp_pose = mp.solutions.pose
 7 mp_drawing = mp.solutions.drawing_utils
 8
 9 pose = mp_pose.Pose(static_image_mode=True,
10                     min_detection_confidence=0.5, model_complexity=2)
11
12 # Input
13 upload_img = st.file_uploader("画像アップロード", type=['png','jpg'])
14
15 # Process
16 if upload_img is not None:
17
18     bytes_data = upload_img.getvalue()
19     cv2_img = cv2.imdecode(np.frombuffer(bytes_data, np.uint8),
20                            cv2.IMREAD_COLOR)
21     img = cv2.cvtColor(cv2_img, cv2.COLOR_BGR2RGB)
22     results = pose.process(img)
23     output_img = img.copy()
24     mp_drawing.draw_landmarks(output_img, results.pose_landmarks,
25                               mp_pose.POSE_CONNECTIONS,)
26
27 # Output
28     st.image(output_img, caption='出力画像')
```

　これまでのソースコードに加えて、mediapipeの処理を追加しています。4行目でライブラリをインポートしつつ、6から10行目まででモデルの定義を行っています。肝心な予測部分に関しては、Processの中にpose.processが新たに追加されています。そのあと、mediapipeの描画関数であるdraw_landmarksを実行したあとに、出力しています。これだけ見ると、処理自体は、モデルを読み込んで、予測、描画を行っており、1章とも同じような流れではありますが、ライブラリによって関数が全然違うことが分かりますね。

　では、動作を確認してみましょう。先ほどと同様にアプリ画面に移ります。ま

た、「Browse Files」をクリックして、2章の「data」「input」フォルダの中にある「img02.png」を指定します、しばらくすると結果が表示されます。

▼骨格推定の実行結果

　いかがでしょうか。たった数行で骨格が検知できています。ここで使用している骨格推定は、33か所の骨格を予測可能です。ただし、物体検知と同様に、確信度が低いものは出力されませんので覚えておきましょう。ぜひ、いろんな画像を入れてみて、骨格推定AIの威力を体験してみてください。

　さて、ここまでで簡単にAIの結果を得ることができましたね。物体検知の時と同じように、骨格が予測できると面白いと思えるのですが、ただ骨格を推定したにすぎません。そこでこの後は、さらに1歩進んで、骨格検知の結果を活用して左右どちらの手を挙げているのかを検知してみます。ただ、その前にせっかくなので、画像のダウンロード機能を作成しておきましょう。

```
import streamlit as st
import cv2
```

```python
import numpy as np
import mediapipe as mp
from io import BytesIO, BufferedReader


mp_pose = mp.solutions.pose
mp_drawing = mp.solutions.drawing_utils


pose = mp_pose.Pose(static_image_mode=True,
                    min_detection_confidence=0.5, model_complexity=2)


# Input
upload_img = st.file_uploader("画像アップロード", type=['png','jpg'])


# Process
if upload_img is not None:

    bytes_data = upload_img.getvalue()
    cv2_img = cv2.imdecode(np.frombuffer(bytes_data, np.uint8),
                           cv2.IMREAD_COLOR)
    img = cv2.cvtColor(cv2_img, cv2.COLOR_BGR2RGB)
    results = pose.process(img)
    output_img = img.copy()
    mp_drawing.draw_landmarks(output_img,results.pose_landmarks,
                              mp_pose.POSE_CONNECTIONS,)

    ret, enco_img = cv2.imencode(".png",
                                 cv2.cvtColor(output_img,cv2.COLOR_BGR2RGB))
    BytesIO_img = BytesIO(enco_img.tostring())
    BufferedReader_img = BufferedReader(BytesIO_img)

# Output
    st.image(output_img, caption='予測結果')
    st.download_button(label='ダウンロード',data=BufferedReader_img,
                       file_name="output.png",mime="image/png")
```

💿ダウンロード機能のプログラム

```
2_PoseFaceEstimation_app.py ×

1  import streamlit as st
2  import cv2
3  import numpy as np
4  import mediapipe as mp
5  from io import BytesIO, BufferedReader
6
7  mp_pose = mp.solutions.pose
8  mp_drawing = mp.solutions.drawing_utils
9
10 pose = mp_pose.Pose(static_image_mode=True,
11              min_detection_confidence=0.5, model_complexity=2)
12
13 # Input
14 upload_img = st.file_uploader("画像アップロード", type=['png','jpg'])
15
16 # Process
17 if upload_img is not None:
18
19     bytes_data = upload_img.getvalue()
20     cv2_img = cv2.imdecode(np.frombuffer(bytes_data, np.uint8),
21                     cv2.IMREAD_COLOR)
22     img = cv2.cvtColor(cv2_img, cv2.COLOR_BGR2RGB)
23     results = pose.process(img)
24     output_img = img.copy()
25     mp_drawing.draw_landmarks(output_img, results.pose_landmarks,
26                     mp_pose.POSE_CONNECTIONS,)
27
28     ret, enco_img = cv2.imencode(".png",
29                     cv2.cvtColor(output_img, cv2.COLOR_BGR2RGB))
30     BytesIO_img = BytesIO(enco_img.tostring())
31     BufferedReader_img = BufferedReader(BytesIO_img)
32
33 # Output
34     st.image(output_img, caption='予測結果')
35     st.download_button(label='ダウンロード',data=BufferedReader_img,
36                     file_name="output.png",mime="image/png")
```

　変更点は、BytesIO, BufferedReaderをインポートしつつ、Process内で出力するための準備をしています。あまり詳しくは説明しませんが、ByteIOは画像や音声などを扱うための機能です。出力用に準備した画像データをst.download_buttonで指定して、ダウンロードボタンをクリックするとoutput.pngというファイル名でダウンロードできるようになります。

　早速やってみましょう。アプリ画面に移って、「Browse Files」をクリックして
「img02.png」を指定します。

◯ダウンロード機能の実行

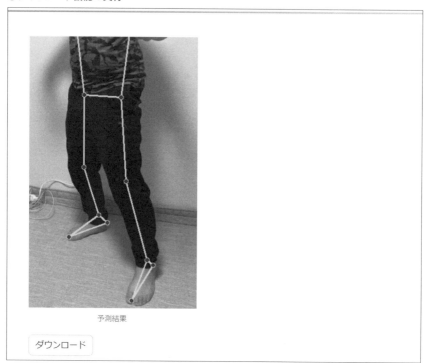

予測結果

ダウンロード

　結果が出力されるところまでは先ほどと同様ですが、下にスクロールしていく
と、「ダウンロード」ボタンが作成されているのでクリックすると、ダウンロードさ
れます。ダウンロードしたファイルをダブルクリックすれば表示できます。

◆ダウンロードしたファイルの表示

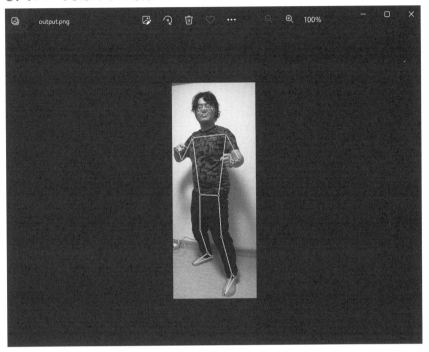

さて、ここまでで骨格推定機能およびダウンロード機能を実装し、全体を整えました。次は、さらに1歩進んで、骨格推定の結果を活用して左右どちらの手を挙げているのかを検知してみます。

骨格推定を活用してどちらの手を挙げているか検知してみよう

では、続いて骨格推定に結果を使用して「左右どちらの手」が「挙がっているのか」を考えていきます。ここでも1章と同様にAIを考えてみると、骨格推定AIは、画像に写っている人の骨格の種類と座標を一括で出してくれる機能であるということです。AIが作成したデータの中で、右手/左手に該当する骨格が、ある座標にいたら右手が挙がっているという状態だと思いませんか。では、挙がっている状態をどう考えるかは人にも依りますが、例えば、自分の肩よりも手の位置が高かったら挙がっているとみなしても良いのではないでしょうか。もちろん、頭の高さなど基準はどこにおいても問題ありませんが、ここでは肩よりも挙がって

いるかで考えてみましょう。方針としては、骨格推定した結果から、左右それぞれの肩と手を取得して、挙がっているのかを検知してみます。

```python
import streamlit as st
import cv2
import numpy as np
import mediapipe as mp
from io import BytesIO, BufferedReader

mp_pose = mp.solutions.pose
mp_drawing = mp.solutions.drawing_utils

pose = mp_pose.Pose(static_image_mode=True,
                    min_detection_confidence=0.5, model_complexity=2)

# Input
upload_img = st.file_uploader("画像アップロード", type=['png','jpg'])

# Process
if upload_img is not None:

    bytes_data = upload_img.getvalue()
    cv2_img = cv2.imdecode(np.frombuffer(bytes_data, np.uint8),
                           cv2.IMREAD_COLOR)
    img = cv2.cvtColor(cv2_img, cv2.COLOR_BGR2RGB)
    results = pose.process(img)
    output_img = img.copy()
    mp_drawing.draw_landmarks(output_img,results.pose_landmarks,
                              mp_pose.POSE_CONNECTIONS,)
    right_th = results.pose_landmarks.landmark[20].y - results.pose_landmark
s.landmark[12].y
    if right_th < 0:
      right_state = '挙がっている'
    else:
      right_state = '挙がっていない'
    left_th = results.pose_landmarks.landmark[19].y - results.pose_landmarks.
```

```
landmark[11].y
    if left_th < 0:
      left_state = '挙がっている'
    else:
      left_state = '挙がっていない'


    ret, enco_img = cv2.imencode(".png",
                              cv2.cvtColor(output_img,cv2.COLOR_BGR2RGB))
    BytesIO_img = BytesIO(enco_img.tostring())
    BufferedReader_img = BufferedReader(BytesIO_img)

# Output
    st.text(f'右手は：{right_state}')
    st.text(f'左手は：{left_state}')
    st.image(output_img, caption='予測結果')
    st.download_button(label='ダウンロード',data=BufferedReader_img,
                      file_name="output.png",mime="image/png")
```

●挙げている手の検知プログラム

```
2_PoseFaceEstimation_app.py ×

1  import streamlit as st
2  import cv2
3  import numpy as np
4  import mediapipe as mp
5  from io import BytesIO, BufferedReader
6
7  mp_pose = mp.solutions.pose
8  mp_drawing = mp.solutions.drawing_utils
9
10 pose = mp_pose.Pose(static_image_mode=True,
11                  min_detection_confidence=0.5, model_complexity=2)
12
13 # Input
14 upload_img = st.file_uploader("画像アップロード", type=['png','jpg'])
15
16 # Process
17 if upload_img is not None:
18
19     bytes_data = upload_img.getvalue()
20     cv2_img = cv2.imdecode(np.frombuffer(bytes_data, np.uint8),
21                          cv2.IMREAD_COLOR)
22     img = cv2.cvtColor(cv2_img, cv2.COLOR_BGR2RGB)
23     results = pose.process(img)
24     output_img = img.copy()
25     mp_drawing.draw_landmarks(output_img,results.pose_landmarks,
26                          mp_pose.POSE_CONNECTIONS,)
27
```

```
28    right_th = results.pose_landmarks.landmark[20].y - results.pose_landmarks.landmark[12].y
29    if right_th < 0:
30        right_state = '挙がっている'
31    else:
32        right_state = '挙がっていない'
33    left_th = results.pose_landmarks.landmark[19].y - results.pose_landmarks.landmark[11].y
34    if left_th < 0:
35        left_state = '挙がっている'
36    else:
37        left_state = '挙がっていない'
38
39
40    ret, enco_img = cv2.imencode(".png",
41                                 cv2.cvtColor(output_img, cv2.COLOR_BGR2RGB))
42    BytesIO_img = BytesIO(enco_img.tostring())
43    BufferedReader_img = BufferedReader(BytesIO_img)
44
45 # Output
46    st.text(f'右手は : {right_state}')
47    st.text(f'左手は : {left_state}')
48    st.image(output_img, caption='予測結果')
49    st.download_button(label='ダウンロード', data=BufferedReader_img,
50                       file_name="output.png", mime="image/png")
```

　変更した点は、results.pose_landmarks.landmark[20].yなどで特定の骨格を指定して、y方向、つまり縦方向の値を取得している部分です。詳細は後半で説明しますが、20は右の人差し指となっており、12は右肩になっています。引き算してマイナスの場合、つまり右の人差し指の方が小さい場合は挙げている状態になります。1章でも説明したように、画像系は、下にいくほど数字が大きくなるため、上に手が挙がっていると小さい値になるので、マイナスの場合は手が挙がっている状態となります。同じように左手の判定も入れて、状態を最後のOutputの中でテキストとして出力しています。

　では、早速動かしてみましょう。アプリ画面に切り替えて、「Browse Files」からまずは「img02.png」を指定してみましょう。

●挙げている手の検知プログラムの実行結果①

　この画像は手が肩よりも挙がっていないので、両手とも挙がっていないが表示されていますね。では再度「Browse Files」をクリックしてから、「img03_left_up.png」を選んでみましょう。以下の結果になるはずです。

● 挙げている手の検知プログラムの実行結果②

　左手を挙げているので、しっかり検知できていることが分かりますね。では、最後に右手を挙げているデータ「img03_right_up.png」を選択してみましょう。

●挙げている手の検知プログラムの実行結果③

今度はしっかり右手が挙がっている状態として表示されました。右手も左手もしっかり判定できていますね。これで、骨格推定AIを用いたアプリは終了です。いかがでしたでしょうか。基本的には、物体検知と同様に、「どの場所に」「どの骨格が」写っているかを予測するものです。ここでも重要なのは、骨格推定をして終わらないことです。骨格推定AIはあくまでも骨格を推定したデータを作成してくれます。

今回作成したアプリは、手を挙げているかどうかという非常に簡易で何に使えるか分からないようなものではありますが、予測結果をもとにさらに複雑に組んでいけば動作の優劣を判定したりと用途は大きく広がっていきます。ジェスチャーの認識なども可能になるでしょう。

骨格推定AIが作り出すデータは後半に少し見ていきますが、あくまでもAIはデータを作るものであり、その予測結果をどう活用するかは私たち人間のアイデアにかかっているのを忘れないでください。では、引き続き、顔の部位推定を

行っていきます。ほとんど同じような扱い方なので、骨格推定を思い出しながら
進めていきましょう。

顔の部位を推定するアプリを作ってみよう

　では、ここからは顔の部位推定アプリを作成します。今回は顔ということなの
でパソコンの内蔵カメラで撮影した方が面白いので、カメラインプットに変更しつ
つ、顔の部位推定を実装します。一気に行きますが、あとで説明するのでコピーし
ても良いので動かすのを優先しましょう。

```
01: import streamlit as st
02: import cv2
03: import numpy as np
04: import mediapipe as mp
05: from io import BytesIO, BufferedReader
06:
07: mp_face_mesh = mp.solutions.face_mesh
08: mp_drawing = mp.solutions.drawing_utils
09: mp_drawing_styles = mp.solutions.drawing_styles
10:
11: face_mesh = mp_face_mesh.FaceMesh(static_image_mode=True,max_num_faces=1,
12:                                   refine_landmarks=True, min_detection_co
nfidence=0.5)
13:
14: # Input
15: camera_img = st.camera_input(label='インカメラ画像')
16:
17: # Process
18: if camera_img is not None:
19:
20:     bytes_data = camera_img.getvalue()
21:     cv2_img = cv2.imdecode(np.frombuffer(bytes_data, np.uint8),
22:                            cv2.IMREAD_COLOR)
23:
24:     img = cv2.cvtColor(cv2_img, cv2.COLOR_BGR2RGB)
```

```
25:     results = face_mesh.process(img)
26:     output_img = img.copy()
27:     for face_landmarks in results.multi_face_landmarks:
28:       mp_drawing.draw_landmarks(
29:           image=output_img,
30:           landmark_list=face_landmarks,
31:           connections=mp_face_mesh.FACEMESH_TESSELATION,
32:           landmark_drawing_spec=None,
33:           connection_drawing_spec=mp_drawing_styles.get_default_face_mes
h_tesselation_style())
34:       mp_drawing.draw_landmarks(
35:           image=output_img,
36:           landmark_list=face_landmarks,
37:           connections=mp_face_mesh.FACEMESH_CONTOURS,
38:           landmark_drawing_spec=None,
39:           connection_drawing_spec=mp_drawing_styles.get_default_face_mes
h_contours_style())
40:       mp_drawing.draw_landmarks(
41:           image=output_img,
42:           landmark_list=face_landmarks,
43:           connections=mp_face_mesh.FACEMESH_IRISES,
44:           landmark_drawing_spec=None,
45:           connection_drawing_spec=mp_drawing_styles.get_default_face_mes
h_iris_connections_style())
46:
47:     ret, enco_img = cv2.imencode(".png",
48:                                 cv2.cvtColor(output_img,cv2.COLOR_BGR2RG
B))
49:     BytesIO_img = BytesIO(enco_img.tostring())
50:     BufferedReader_img = BufferedReader(BytesIO_img)
51:
52: # Output
53:     st.image(output_img, caption='予測結果')
54:     st.download_button(label='ダウンロード',data=BufferedReader_img,
55:                       file_name="output.png",mime="image/png")
56:
```

● 顔の部位推定プログラム

```
2_PoseFaceEstimation_app.py ×

 1 import streamlit as st
 2 import cv2
 3 import numpy as np
 4 import mediapipe as mp
 5 from io import BytesIO, BufferedReader
 6
 7 mp_face_mesh = mp.solutions.face_mesh
 8 mp_drawing = mp.solutions.drawing_utils
 9 mp_drawing_styles = mp.solutions.drawing_styles
10
11 face_mesh = mp_face_mesh.FaceMesh(static_image_mode=True, max_num_faces=1,
12                                   refine_landmarks=True, min_detection_confidence=0.5)
13
14 # Input
15 camera_img = st.camera_input(label='インカメラ画像')
16
17 # Process
18 if camera_img is not None:
19
20     bytes_data = camera_img.getvalue()
21     cv2_img = cv2.imdecode(np.frombuffer(bytes_data, np.uint8),
22                            cv2.IMREAD_COLOR)
23     img = cv2.cvtColor(cv2_img, cv2.COLOR_BGR2RGB)
24
25     results = face_mesh.process(img)
26     output_img = img.copy()
27     for face_landmarks in results.multi_face_landmarks:
28         mp_drawing.draw_landmarks(
29             image=output_img,
30             landmark_list=face_landmarks,
31             connections=mp_face_mesh.FACEMESH_TESSELATION,
32             landmark_drawing_spec=None,
33             connection_drawing_spec=mp_drawing_styles.get_default_face_mesh_tesselation_style())
34         mp_drawing.draw_landmarks(
35             image=output_img,
36             landmark_list=face_landmarks,
37             connections=mp_face_mesh.FACEMESH_CONTOURS,
38             landmark_drawing_spec=None,
39             connection_drawing_spec=mp_drawing_styles.get_default_face_mesh_contours_style())
40         mp_drawing.draw_landmarks(
41             image=output_img,
42             landmark_list=face_landmarks,
43             connections=mp_face_mesh.FACEMESH_IRISES,
44             landmark_drawing_spec=None,
45             connection_drawing_spec=mp_drawing_styles.get_default_face_mesh_iris_connections_style())
46
47     ret, enco_img = cv2.imencode(".png",
48                                  cv2.cvtColor(output_img, cv2.COLOR_BGR2RGB))
49     BytesIO_img = BytesIO(enco_img.tostring())
50     BufferedReader_img = BufferedReader(BytesIO_img)
51
52 # Output
53     st.image(output_img, caption='予測結果')
54     st.download_button(label='ダウンロード', data=BufferedReader_img,
55                        file_name="output.png", mime="image/png")
56
```

　長くて嫌になりそうですが、ここまでIPOを意識してきた皆さんは処理の理解度もグッと上がっているはずです。1つずつ簡単に見ていきましょう。7行目から12行目はモデルの定義ですね。今回は、骨格推定ではなく顔の部位推定なのでface_meshを使用します。15行目から23行目までは、1章でも扱ったカメラインプット機能です。camera_inputでパソコンの内蔵カメラから画像を取得します。取得した結果は、face_mesh.processで予測が行われ、27行目から45行目で描画を行っています。ぶっちゃけて言えば、描画が重たく見えますが、あくまでも描画処理と捉えておけば良いのであまり気にしなくて大丈夫です。最後に、ダウンロード機能のための加工処理を経て、アウトプットとして描画した予測結果の表示とダウンロードボタンの表示になります。

　では、アプリ画面に移ってやってみましょう。今回はカメラインプットなので、カメラのアクセス許可が出ますので許可してください。顔が写っている状態で「Take Photo」をクリックすると顔の部位推定が実行されて予測結果が出力されます。

▼顔の部位推定プログラムの実行結果

いかがでしょうか。このAIモデルはかなり大量の部位を持っており、全部で478点あります。後で簡単に説明はしますが、基本的には骨格推定と同じように予測結果を抽出できます。

では、最後に目線が右を向いているのか、左を向いているのかを判定するアプリに拡張してみましょう。これも骨格推定と同じ考え方で、ただ顔の部位を推定するだけではなく、そのデータを用いて何に活用するかのための第1歩です。

顔の部位を推定して目線を判定するアプリを作ってみよう

では、早速やっていきます。基本的には骨格推定と同じで、特定の部位を取得して、目が右を向いているのか、左を向いているのかを判定します。今回は、右目だけで目線を判定してみましょう。判定としては、右目の端っこから端っこまでを取得して、黒目の部分が端っこから端っこの中央より右にあるのか左にあるのかで判定します。

イメージは下記になります。

▼視線判定のイメージ

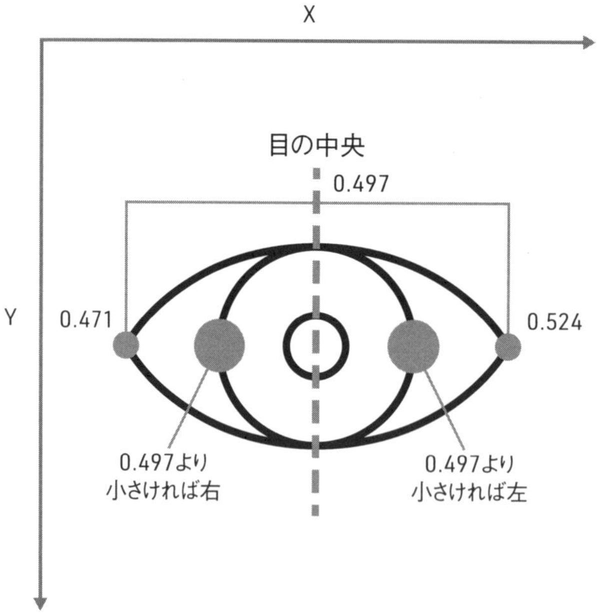

```
01: import streamlit as st
02: import cv2
03: import numpy as np
04: import mediapipe as mp
05: from io import BytesIO, BufferedReader
06:
07: mp_face_mesh = mp.solutions.face_mesh
08: mp_drawing = mp.solutions.drawing_utils
09: mp_drawing_styles = mp.solutions.drawing_styles
10:
11: face_mesh = mp_face_mesh.FaceMesh(static_image_mode=True,max_num_faces=1,
12:                                   refine_landmarks=True, min_detection_co
nfidence=0.5)
13:
14: # Input
15: camera_img = st.camera_input(label='インカメラ画像')
16:
17: # Process
18: if camera_img is not None:
19:
20:     bytes_data = camera_img.getvalue()
21:     cv2_img = cv2.imdecode(np.frombuffer(bytes_data, np.uint8),
22:                            cv2.IMREAD_COLOR)
23:     img = cv2.cvtColor(cv2_img, cv2.COLOR_BGR2RGB)
24:
25:     results = face_mesh.process(img)
26:     eye_center = (results.multi_face_landmarks[0].landmark[33].x + result
s.multi_face_landmarks[0].landmark[133].x)/2
27:     th = results.multi_face_landmarks[0].landmark[468].x - eye_center
28:     if th < 0:
29:       state = '右'
30:     else:
31:       state = '左'
32:
33:     output_img = img.copy()
34:     for face_landmarks in results.multi_face_landmarks:
```

```
35:        mp_drawing.draw_landmarks(
36:            image=output_img,
37:            landmark_list=face_landmarks,
38:            connections=mp_face_mesh.FACEMESH_IRISES,
39:            landmark_drawing_spec=None,
40:            connection_drawing_spec=mp_drawing_styles.get_default_face_mes
h_iris_connections_style())
41:
42:    ret, enco_img = cv2.imencode(".png",
43:                            cv2.cvtColor(output_img,cv2.COLOR_BGR2RG
B))
44:    BytesIO_img = BytesIO(enco_img.tostring())
45:    BufferedReader_img = BufferedReader(BytesIO_img)
46:
47: # Output
48:    st.text(f'目線は：{state}')
49:    st.image(output_img, caption='予測結果')
50:    st.download_button(label='ダウンロード',data=BufferedReader_img,
51:                        file_name="output.png",mime="image/png")
52:
```

● 目線判定プログラム

```
2_PoseFaceEstimation_app.py  ×                                      ...
1 import streamlit as st
2 import cv2
3 import numpy as np
4 import mediapipe as mp
5 from io import BytesIO, BufferedReader
6
7 mp_face_mesh = mp.solutions.face_mesh
8 mp_drawing = mp.solutions.drawing_utils
9 mp_drawing_styles = mp.solutions.drawing_styles
10
11 face_mesh = mp_face_mesh.FaceMesh(static_image_mode=True, max_num_faces=1,
12                                  refine_landmarks=True, min_detection_confidence=0.5)
13
14 # Input
15 camera_img = st.camera_input(label='インカメラ画像')
16
17 # Process
18 if camera_img is not None:
19
20     bytes_data = camera_img.getvalue()
21     cv2_img = cv2.imdecode(np.frombuffer(bytes_data, np.uint8),
22                            cv2.IMREAD_COLOR)
23     img = cv2.cvtColor(cv2_img, cv2.COLOR_BGR2RGB)
24
```

```
25    results = face_mesh.process(img)
26    eye_center = (results.multi_face_landmarks[0].landmark[33].x + results.multi_face_landmarks[0].landmark[133].x)/2
27    th = results.multi_face_landmarks[0].landmark[468].x - eye_center
28    if th < 0:
29        state = '右'
30    else:
31        state = '左'
32
33    output_img = img.copy()
34    for face_landmarks in results.multi_face_landmarks:
35        mp_drawing.draw_landmarks(
36            image=output_img,
37            landmark_list=face_landmarks,
38            connections=mp_face_mesh.FACEMESH_IRISES,
39            landmark_drawing_spec=None,
40            connection_drawing_spec=mp_drawing_styles.get_default_face_mesh_iris_connections_style())
41
42    ret, enco_img = cv2.imencode(".png",
43                        cv2.cvtColor(output_img, cv2.COLOR_BGR2RGB))
44    BytesIO_img = BytesIO(enco_img.tostring())
45    BufferedReader_img = BufferedReader(BytesIO_img)
46
47 # Output
48    st.text(f'目線は : {state}')
49    st.image(output_img, caption='予測結果')
50    st.download_button(label='ダウンロード', data=BufferedReader_img,
51                        file_name="output.png", mime="image/png")
52
```

　少し長いですが、注目すべきは26行目から31行目までです。目の端同士（33と133番）を取得し、eye_centertとして定義しています。そのあと、黒目の部分（468番）と比較して目線の判定を行っています。

　では、アプリ画面に移って実行してみましょう。まずは右目線を向けて「Take Photo」です。

◆目線判定プログラムの実行結果①

ちゃんと目線が右に向いているのが分かりますね。では、続いて左を向いて撮影してみましょう。

▼ 目線判定プログラムの実行結果②

　今度は、目線がしっかり左と表示されました。問題なく目線判定ができていることが確認できました。さて、これで、本章のアプリ編は終了となります。いかがでしたでしょうか。

　1章の物体検知と書いているプログラムは違うものの、処理の流れは共通している部分が多いのが実感できたのではないでしょうか。どちらにおいても、ただ検知結果を出すだけではなく、AIが算出した予測結果を活用してこそ業務活用への道が見えてきます。今回作成したアプリは、どれも実用的なものではないものの、本書をもとにいろいろと拡張できるようにはなっています。復習しながら、自分のアイデアを広げていろいろ機能拡張してみてください。

Section
2-2 骨格顔推定AIを紐解こう

さて、後半では、骨格顔推定AIを簡単に紐解いていきます。基本的には1章と同様に、AIがどんな出力をするのかを中心に見ていきます。アプリ編を読み返したりしながら進めるのも有効ですので、ぜひ振り返りながら進んでください。では、早速、骨格推定AIに入っていきます。

骨格推定AIの中身を知ろう

では、Google Colaboratoryを活用して1つずつセルを実行しながら、動かしていきましょう。まずは準備からになります。ライブラリのインポートとGoogleDriveとの接続です。

```
!pip install mediapipe

# Google Driveと接続を行います。これを行うことで、Driveにあるデータにアクセスできるようになります。
# 下記セルを実行すると、Googleアカウントのログインを求められますのでログインしてください。
from google.colab import drive
drive.mount('/content/drive')


# 作業フォルダへの移動を行います。
# もしアップロードした場所が異なる場合は作業場所を変更してください。
import os
os.chdir('/content/drive/MyDrive/ai_app_dev/2章') #ここを変更
```

◉ ライブラリのインポートとGoogleDriveへの接続

　これまでやってきたのと変わりませんね。Google Driveへの接続はアカウントにログインして、許可をクリックしてください。これで、Google Driveのデータにアクセスできるようになりました。

　では、続いて静止画（画像）を読み込んで、表示させます。1章でもやりましたが、cv2_imshowで表示させます。今回は、img02.pngを読み込んでいきます。

```
import cv2

from google.colab.patches import cv2_imshow

img = cv2.imread('data/input/img02.png')

cv2_imshow(img)
```

◆画像データの読み込み

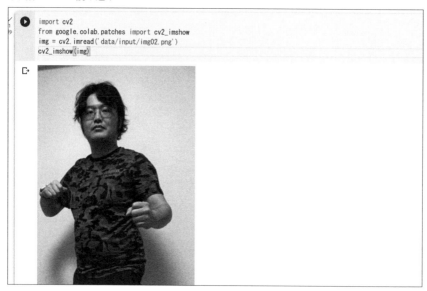

```
import cv2
from google.colab.patches import cv2_imshow
img = cv2.imread('data/input/img02.png')
cv2_imshow(img)
```

　OpenCVで読み込んで、OpenCVの機能を使って表示しています。では、続いて、mediapipeを用いて予測を行っていきます。

```
import mediapipe as mp

mp_pose = mp.solutions.pose
mp_drawing = mp.solutions.drawing_utils

pose = mp_pose.Pose(static_image_mode=True, min_detection_confidence=0.5, model_complexity=2)
results = pose.process(cv2.cvtColor(img, cv2.COLOR_BGR2RGB))
estimation_image = img.copy()
mp_drawing.draw_landmarks(estimation_image,results.pose_landmarks,mp_pose.POSE_CONNECTIONS,)
cv2_imshow(estimation_image)

cv2.imwrite("data/output/img02_pose_estimation.png",estimation_image)
```

骨格推定AIによる予測

骨格推定AIによる予測結果

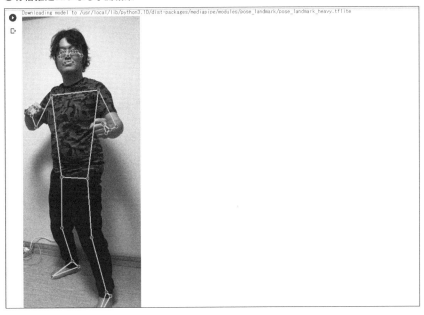

　アプリでもやりましたが、予測だけを抜き出すとこのようにシンプルになります。実際の予測はmp_pose.Poseで行い、resultsに格納しています。また、mp_drawing.draw_landmarks関数は非常に便利で、1行で描画を行ってくれます。さらに、mediapipeの骨格推定は、奥行きの推定もしてくれますので、3次元での可視化も可能です。3次元での可視化も関数で用意されているので簡単に描画可能です。やってみましょう。

```
mp_drawing.plot_landmarks(
    results.pose_world_landmarks,
```

```
mp_pose.POSE_CONNECTIONS
)
```

◉骨格推定AIの3次元可視化

```
mp_drawing.plot_landmarks(
    results.pose_world_landmarks,
    mp_pose.POSE_CONNECTIONS
)
```

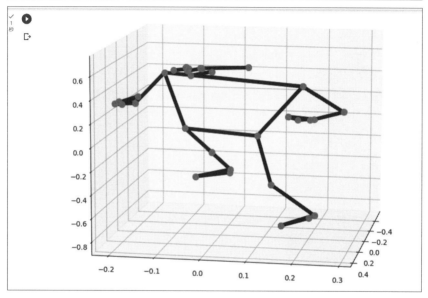

　mp_drawing.plot_landmarksを使えばすぐに描画できます。軸の縮尺の関係もあり少しいびつではありますが、奥行きのデータもしっかり予測結果として存在していることが分かります。2次元の画像データから3次元の奥行き予測までできるのは非常に画期的です。若干精度は低いものの、いろんなアイデアが広がっていきますね。

　では、中身を軽く見てみましょう。

```
results.pose_landmarks.landmark[0]
```

◉骨格推定AIの結果表示

```
[5]  results.pose_landmarks.landmark[0]

     x: 0.3909827172756195
     y: 0.12650886178016663
     z: -1.3043392896652222
     visibility: 0.9999936819076538
```

　results.pose_landmarks.landmarkで、部位の番号を指定すると、x、y、z座標とvisibilityが出力されます。座標は問題ないかと思いますが、visibilityは画面に存在し遮られていないと考えられる確率です。難しいのですが、物体検知の確信度に近い概念になります。また、0は鼻部分であり、x座標は 0.391、y座標は 0.126とありますが、これは画像の割合になっています。この画像では、縦が800の画像なので、800×0.126=100.8となり、上から100ピクセルの位置に鼻があるということです。なお、骨格の部位は、下記を見ると番号が見られるので確認してみると良いでしょう。

https://github.com/google/mediapipe/blob/master/docs/solutions/pose.md

複数のデータを骨格推定してAIの予測結果を理解しよう

　さて、ここからは、いろんなデータで予測を出力して、その際の出力結果を確認することで、AIの予測結果を見ていきましょう。特にアプリ編でやった手を挙げるとどのようにデータが変わるのかを中心に見ていきます。
　まずは、右手を挙げているデータです。

```
img = cv2.imread('data/input/img03_right_up.png')

mp_pose = mp.solutions.pose

mp_drawing = mp.solutions.drawing_utils


pose = mp_pose.Pose(static_image_mode=True, min_detection_confidence=0.5, mod
el_complexity=2)

results = pose.process(cv2.cvtColor(img, cv2.COLOR_BGR2RGB))

estimation_image = img.copy()

mp_drawing.draw_landmarks(estimation_image,results.pose_landmarks,mp_pose.POS
E_CONNECTIONS,)

cv2_imshow(estimation_image)
```

119

```
cv2.imwrite("data/output/img03_right_up_pose_estimation.png",estimation_imag
e)
```

●右手を挙げている画像の骨格推定AIの結果

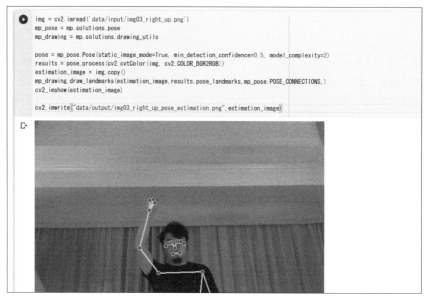

これまでと同じなのでここまでは大丈夫ですね。では、右手の人差し指、右肩
の予測結果データを見てみましょう。

```
print(results.pose_landmarks.landmark[20])
print(results.pose_landmarks.landmark[12])
```

●右人差し指と肩の予測結果

　20番は右の人差し指、12番は右肩になります。この結果を見ると、X方向（横方向）はほぼ変わらないのですが、Y方向に大きな違いが見られ、12の方が大きい値を示します。これは、XYは左上が0,0で、下にいくほどYは大きく、右に行くほどXは大きくなるので、12の方が大きいということは下にあるということです。そのため、アプリではこの差を見ることで手が挙がっているかどうかを判定しています。符号が少し複雑なので間違えないように気を付けましょう。では最後に、左手も確認しておきましょう。

```
img = cv2.imread('data/input/img03_left_up.png')
mp_pose = mp.solutions.pose
mp_drawing = mp.solutions.drawing_utils

pose = mp_pose.Pose(static_image_mode=True, min_detection_confidence=0.5, model_complexity=2)
results = pose.process(cv2.cvtColor(img, cv2.COLOR_BGR2RGB))
estimation_image = img.copy()
mp_drawing.draw_landmarks(estimation_image,results.pose_landmarks,mp_pose.POSE_CONNECTIONS,)
cv2_imshow(estimation_image)

cv2.imwrite("data/output/img03_left_up_pose_estimation.png",estimation_image)

print(results.pose_landmarks.landmark[19])
print(results.pose_landmarks.landmark[11])
```

⚫左人差し指と肩の予測結果

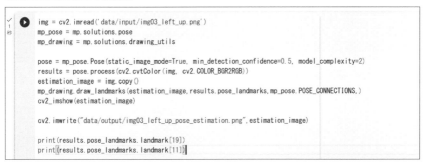

```
x: 0.581015944480896
y: 0.296035498380661
z: -0.28237390518188477
visibility: 0.9676263332366943

x: 0.5666327476501465
y: 0.6638286709785461
z: 0.03319421410560608
visibility: 0.9999113082885742
```

　画像は、img03_left_up.pngとなっています。結果を見ると、左人差し指を示す19のY座標が0.296であるのに対して、左肩は0.663となっており、先ほどと同様に肩の方が下にあることがわかります。また、X座標は0.56-0.58となっており、右手の時よりも大きい値となっていますね。これは画像の右側にあるからであり、X軸は大きくなるほど右方向にいくのが理解できます。

　ここまで理解できれば、作成したアプリ編の処理も深くわかるのではないでしょうか。また、部位は複数あるので、いろんな写真を撮影して、いろんな部位を取得して遊んでみると良いでしょう。では、最後に、顔の部位推定AIの方も同じように確認して終わりにしましょう。

顔の部位推定AIの中身を知ろう

　基本的には顔の推定AIも同じ流れなので、簡単に確認しましょう。
　まずは、予測を実行して、目の部分だけ表示してみます。

```
img = cv2.imread('data/input/img04.png')
```

```
mp_face_mesh = mp.solutions.face_mesh
```

```
mp_drawing = mp.solutions.drawing_utils

mp_drawing_styles = mp.solutions.drawing_styles


face_mesh = mp_face_mesh.FaceMesh(static_image_mode=True,max_num_faces=1,refi
ne_landmarks=True, min_detection_confidence=0.5)

results = face_mesh.process(cv2.cvtColor(img,cv2.COLOR_BGR2RGB))

estimation_image = img.copy()


for face_landmarks in results.multi_face_landmarks:

  mp_drawing.draw_landmarks(

      image=estimation_image,

      landmark_list=face_landmarks,

      connections=mp_face_mesh.FACEMESH_IRISES,

      landmark_drawing_spec=None,

      connection_drawing_spec=mp_drawing_styles.get_default_face_mesh_iris_co
nnections_style())


cv2_imshow(estimation_image)


cv2.imwrite("data/output/img04_eye_face_mesh.png",estimation_image)
```

●顔の部位推定AIの結果

```
img = cv2.imread('data/input/img04.png')

mp_face_mesh = mp.solutions.face_mesh
mp_drawing = mp.solutions.drawing_utils
mp_drawing_styles = mp.solutions.drawing_styles

face_mesh = mp_face_mesh.FaceMesh(static_image_mode=True,max_num_faces=1,refine_landmarks=True, min_detection_confidence=0.5)
results = face_mesh.process(cv2.cvtColor(img,cv2.COLOR_BGR2RGB))
estimation_image = img.copy()

for face_landmarks in results.multi_face_landmarks:
  mp_drawing.draw_landmarks(
      image=estimation_image,
      landmark_list=face_landmarks,
      connections=mp_face_mesh.FACEMESH_IRISES,
      landmark_drawing_spec=None,
      connection_drawing_spec=mp_drawing_styles.get_default_face_mesh_iris_connections_style())

cv2_imshow(estimation_image)

cv2.imwrite("data/output/img04_face_mesh.png",estimation_image)
```

　目の部分だけ描画するなら、mp_drawing.draw_landmarksの内、
FACEMESH_IRISESの処理だけ残します。では、続いて目の情報を取得してい
きます。

```
print(results.multi_face_landmarks[0].landmark[468])
```
```
print(results.multi_face_landmarks[0].landmark[33])
```
```
print(results.multi_face_landmarks[0].landmark[133])
```

▼目の部位推定結果の表示

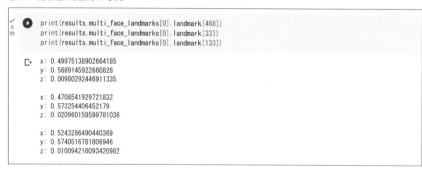

　右目の目頭と目尻はそれぞれ133と33となっています。468が黒目の部分になります。目頭が0.52で、目尻が0.47なので画像的には目尻は左側にあります。当然ながら、目頭と目じりの間に黒目の部分がきています。では、最後に、右に視線を向けているデータで予測して動きを見てみましょう。

```python
img = cv2.imread('data/input/img05_eye_right.png')

mp_face_mesh = mp.solutions.face_mesh
mp_drawing = mp.solutions.drawing_utils
mp_drawing_styles = mp.solutions.drawing_styles

face_mesh = mp_face_mesh.FaceMesh(static_image_mode=True,max_num_faces=1,refine_landmarks=True, min_detection_confidence=0.5)
results = face_mesh.process(cv2.cvtColor(img,cv2.COLOR_BGR2RGB))
estimation_image = img.copy()

for face_landmarks in results.multi_face_landmarks:
  mp_drawing.draw_landmarks(
      image=estimation_image,
      landmark_list=face_landmarks,
      connections=mp_face_mesh.FACEMESH_IRISES,
      landmark_drawing_spec=None,
      connection_drawing_spec=mp_drawing_styles.get_default_face_mesh_iris_connections_style())

cv2_imshow(estimation_image)

cv2.imwrite("data/output/img05_eye_right_face_mesh.png",estimation_image)

print(results.multi_face_landmarks[0].landmark[468])
print(results.multi_face_landmarks[0].landmark[33])
print(results.multi_face_landmarks[0].landmark[133])
```

```
img = cv2.imread('data/input/img05_eye_right.png')

mp_face_mesh = mp.solutions.face_mesh
mp_drawing = mp.solutions.drawing_utils
mp_drawing_styles = mp.solutions.drawing_styles

face_mesh = mp_face_mesh.FaceMesh(static_image_mode=True, max_num_faces=1, refine_landmarks=True, min_detection_confidence=0.5)
results = face_mesh.process(cv2.cvtColor(img, cv2.COLOR_BGR2RGB))
estimation_image = img.copy()

for face_landmarks in results.multi_face_landmarks:
  mp_drawing.draw_landmarks(
      image=estimation_image,
      landmark_list=face_landmarks,
      connections=mp_face_mesh.FACEMESH_IRISES,
      landmark_drawing_spec=None,
      connection_drawing_spec=mp_drawing_styles.get_default_face_mesh_iris_connections_style())

cv2.imshow(estimation_image)

cv2.imwrite("data/output/img05_eye_right_face_mesh.png", estimation_image)

print(results.multi_face_landmarks[0].landmark[466])
print(results.multi_face_landmarks[0].landmark[33])
print(results.multi_face_landmarks[0].landmark[133])
```

```
x: 0.4746924936771393
y: 0.5720893144607544
z: 0.011163338087499142

x: 0.45499926805496216
y: 0.5752311944961548
z: 0.02252439223229885

x: 0.5097004771232605
y: 0.5744860768318176
z: 0.011320308782160282
```

　読み込んだ画像が、「img05_eye_right.png」となります。この結果では、目頭が0.509で、目尻が0.454で、黒目の部分は0.474となっています。そのため、右目の目尻側に寄っているので、右向きに視線を向けていることが分かりますね。

　これで、アプリ編の時に行った目線判定の意味が分かってきたのではないでしょうか。

　以上で、後半は終了です。今回は1章とは異なり、あまりAI自体のパラメータに

は触れずに、AIの出力結果をいろいろ見ていきました。悩んだら今回のように、いろんな画像で試してみると、出力結果を深く理解できるので覚えておきましょう。

　これで、骨格や顔の部位を推定するAIを活用した2章は終了です。お疲れ様でした。骨格や顔の部位を推定するAIは、1章の物体検知とあまり大きく違いはなく、あくまでも「どの部位」が「どの座標」に写っているかを予測するものです。そのため、1章、2章で繰り返しになる部分はありますが、あくまでもAIが出力した結果（データ）を活用することに目を向けてみるといろんな活用方法が広がってくると思いますので覚えておきましょう。

　あくまでも、AIはデータを作るものであり、それをデータレベルで活用できてこそ、自分の業務で活用できるという感覚を持っておきましょう。

　次章以降では、画像系ではあるものの最近はやりの生成系に近い画風変換技術を使ってアプリを作成していきます。

写真の画風を変えるAIで
アプリを作ってみよう

1章、2章では画像系AIの最もスタンダードな技術である物体検知と骨格推定を行うAI
を使用してアプリを作成してきました。これら2つは、少し違いはあるもののどちらも「ど
こに」「なにが」写っているのかを予測する技術でしたね。また予測したデータを活用し
てアプリを作成してきました。そのデータレベルでの活用こそがAIを業務で活用する1歩
になることを理解いただけたのではないでしょうか。

3章で扱う画風を変換するAIの場合、あくまでも画風の変換結果のみが出力されます。そ
のためデータレベルでの工夫はあまり必要なく、アプリではAIの予測結果をそのまま使う
イメージにはなります。ただし、参考にしたい画風の画像と変換したい画像の2つが必要と
なります。そのためアプリとしては2つのインプットを用意するなどの違いがあります。ここ
でもIPOを意識して進めていけば理解はしやすいでしょう。また、画風変換ではあるもの
の、アニメ風に変換するのに特化した技術も簡単に触れていきます。これまでと同様に、
前半でアプリ、後半で詳細の解説になります。では早速アプリ作成を進めていきましょう。

Section 3-1 写真の画風を変えるアプリを作成しよう

　それでは画風変換アプリを作成していきます。画風変換は1章、2章で扱った物体検知技術や骨格推定技術とは異なり、参考にしたい画風の画像と変換したい画像の2つから、変換したい画像の画風を変換して出力します。そのため「どこに」「何が」写っているなどのデータが作成されるわけではないので、比較的シンプルです。ただし、最初に2つの画像が必要になるのがこれまでと違います。例えば、葛飾北斎風にしたければ、葛飾北斎の絵と変換したい画像を用意して、変換したい画像が葛飾北斎風に変換されます。ということで、Inputは、画像読み込み部分を2つ、Processは画風変換で、その結果としてのOutputは画像が出力されます。

2つの画像読み込み機能を作成しよう

　では、これまでと同じようにまずはInput機能を作成していきましょう。1章、2章でカメラ画像から取り込むcamera_inputと、ファイルをアップロードするfile_uploaderの2つの手法を学びましたが、今回はファイルアップロードを2つ用意しましょう。では、これまでと同じように進めていきます。streamlitを動かしてから、アプリを開発していく流れですが、覚えていますか。

　Google Driveにアクセスして3章のフォルダに入っている「3_run_streamlit.ipynb」をダブルクリックして起動しましょう。

◎「3_run_streamlit.ipynb」の起動

　起動すると、これまでと同じような処理が書かれています。もうお馴染みの処理になっているかと思いますが、1つめのセルで必要なライブラリをインストールして、2つ目のセルでGoogle Driveへの接続、3つ目でstreamlitのプログラムを書くファイル「3_StyleTransfer_app.py」を表示したあとに、4つ目でstreamlitを起動しています。

　それでは順番に実行していきましょう。

● セルの実行

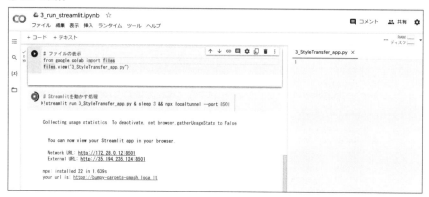

　これまでと同じなので問題ありませんね。途中でGoogle Driveへのアクセスを求められるのでログインして許可してください。最後に、表示されたURLにアクセスして、streamlitの画面を開きましょう。覚えていますか。まずは「your url is:」にあるURLをクリックします。続いて画面が表示されたら、「External URL:」に書いてあるアドレスを入力し、Click to Submitを押します。「3_StyleTransfer_app.py」にはまだ何も記述していないので、真っ白な画面が表示されます。

　ではまずは、ファイルアップロード機能を実装していきます。今回は2個のファイルアップロードを追加して、画像を読み込めるようにしていきます。今回は、サイドバーとして機能を追加していきます。ブラウザのタブからGoogle Colaboratoryに戻って、「3_StyleTransfer_app.py」の部分にプログラムを記載します。

```
01: import streamlit as st
02: import cv2
03: import numpy as np
04:
05:
06: # Input
07: upload_img = st.sidebar.file_uploader("画像アップロード", type=['png','jpg'])
08: upload_style_img = st.sidebar.file_uploader("画風画像アップロード", type=['png','jpg'])
09:
```

```
10: # Process
11: if (upload_img is not None)&(upload_style_img is not None):
12:
13:     bytes_data = upload_img.getvalue()
14:     tg_img = cv2.imdecode(np.frombuffer(bytes_data, np.uint8),
15:                             cv2.IMREAD_COLOR)
16:     bytes_data = upload_style_img.getvalue()
17:     style_img = cv2.imdecode(np.frombuffer(bytes_data, np.uint8),
18:                             cv2.IMREAD_COLOR)
19:
20:     output_img = cv2.cvtColor(tg_img, cv2.COLOR_BGR2RGB)
21:     output_style_img = cv2.cvtColor(style_img, cv2.COLOR_BGR2RGB)
22:
23: # Output
24:     st.image(output_img, caption='画像')
25:     st.image(output_style_img, caption='画風画像')
```

⬇ファイルアップロード機能のプログラム

```
3_StyleTransfer_app.py  ×

1  import streamlit as st
2  import cv2
3  import numpy as np
4
5
6  # Input
7  upload_img = st.sidebar.file_uploader("画像アップロード", type=['png','jpg'])
8  upload_style_img = st.sidebar.file_uploader("画風画像アップロード", type=['png','jpg'])
9
10 # Process
11 if (upload_img is not None)&(upload_style_img is not None):
12
13     bytes_data = upload_img.getvalue()
14     tg_img = cv2.imdecode(np.frombuffer(bytes_data, np.uint8),
15                             cv2.IMREAD_COLOR)
16     bytes_data = upload_style_img.getvalue()
17     style_img = cv2.imdecode(np.frombuffer(bytes_data, np.uint8),
18                             cv2.IMREAD_COLOR)
19
20     output_img = cv2.cvtColor(tg_img, cv2.COLOR_BGR2RGB)
21     output_style_img = cv2.cvtColor(style_img, cv2.COLOR_BGR2RGB)
22
23 # Output
24     st.image(output_img, caption='画像')
25     st.image(output_style_img, caption='画風画像')
```

　これまでやったファイルアップロード機能と同じなので大丈夫ですね。これまでと違うのは、ファイルアップロードが2つあるということです。

　最初にライブラリをインポートして、7行目、8行目でファイルアップロード機能を実装しています。1つはこれまでと同じくupload_imgという変数として変換したい画像の読み込みを、もう1つは、upload_style_imgという変数として画風の画像を読み込めるようにInput機能を追加しています。

　Processは、1章でもやったように、画像がアップロードされた場合に処理が動きます。今回は、If文で2つのファイルが両方アップロードされた場合にのみ動くようにしてあります。Processが動いたら、それぞれの画像をOpenCVで使えるようにデータを読み込んで、表示するためにBGRからRGBに変換して、そのまま画像を表示しています。tg_img、output_imgが変換したい画像で、style_img、output_style_imgが画風の画像です。これまでもお伝えしてきましたが、OpenCVはBRG系ですが、streamlitはRGB系なので変換が必要でしたね。

　では、アプリ画面に移って実行してみましょう。「Browse Files」をクリックして、ファイルを指定します。今回は、2つのアップロードが存在しますね。1つ目は変換したい画像のアップロードなので、3章の「data」「input」フォルダの中にある「img01.png」を指定します。2つ目は変換する際に参考にする画風の画像なので「style_img01.jpg」を指定します。今回は、2つの画風を用意しました。style_img01.jpgは葛飾北斎の浮世絵で、ニューヨークのメトロポリタン美術館のウェブページから取得してきています。style_img02.jpgはゴッホの絵画で、pixabayというサイトから取得してきています。どちらも商用利用可能なものを選んで取得してきています。絵画などはpublic domainと呼ばれる利用可能なフリー画像として提供されていることが多いので、いろいろと試すことが可能です。しかし、著作権が発生しているものや、提供しているサイトによってルールも異なるので、公開する場合などは特に気を付けましょう。

💿メトロポリタン美術館
　https://www.metmuseum.org/

💿Pixabay
　https://pixabay.com/ja/

▼ファイルアップロード機能の実行

▼ファイルアップロード機能の実行結果

　実行すると、ファイルがアップロードされて、そのまま2つの画像が表示されます。画像が2つになったので、縦にスクロールしないと画像を確認できないかと思いますので、スクロールして見てみてください。

　では、画風変換に行きたいところですが、その前に、少しだけstreamlit側を改善しておきましょう。この後、さらに画風変換した結果も出力画像として表示する予定です。その際に、縦スクロールが多くなると面倒になるので、今の2つの画像を並べて表示させられるようにしておきましょう。Streamlitにはcolumnsという関数があり、それによって横に並べて表示させることが可能です。

```
01: import streamlit as st
02: import cv2
03: import numpy as np
04:
05: col1, col2 = st.columns(2)
06:
07: # Input
08: upload_img = st.sidebar.file_uploader("画像アップロード", type=['png','jpg'])
09: upload_style_img = st.sidebar.file_uploader("画風画像アップロード", type=['png','jpg'])
10:
11: # Process
12: if (upload_img is not None)&(upload_style_img is not None):
13:
14:     bytes_data = upload_img.getvalue()
15:     tg_img = cv2.imdecode(np.frombuffer(bytes_data, np.uint8),
16:                           cv2.IMREAD_COLOR)
17:     bytes_data = upload_style_img.getvalue()
18:     style_img = cv2.imdecode(np.frombuffer(bytes_data, np.uint8),
19:                              cv2.IMREAD_COLOR)
20:
21:     output_img = cv2.cvtColor(tg_img, cv2.COLOR_BGR2RGB)
22:     output_style_img = cv2.cvtColor(style_img, cv2.COLOR_BGR2RGB)
23:
24: # Output
```

```
25:     with col1:
26:         st.header("対象画像")
27:         st.image(output_img)
28:
29:     with col2:
30:         st.header("画風画像")
31:         st.image(output_style_img)
```

▼画像を並べるプログラム

3_StyleTransfer_app.py ×

```
1 import streamlit as st
2 import cv2
3 import numpy as np
4
5 col1, col2 = st.columns(2)
6
7 # Input
8 upload_img = st.sidebar.file_uploader("画像アップロード", type=['png','jpg'])
9 upload_style_img = st.sidebar.file_uploader("画風画像アップロード", type=['png','jpg'])
10
11 # Process
12 if (upload_img is not None)&(upload_style_img is not None):
13
14     bytes_data = upload_img.getvalue()
15     tg_img = cv2.imdecode(np.frombuffer(bytes_data, np.uint8),
16                           cv2.IMREAD_COLOR)
17     bytes_data = upload_style_img.getvalue()
18     style_img = cv2.imdecode(np.frombuffer(bytes_data, np.uint8),
19                              cv2.IMREAD_COLOR)
20
21     output_img = cv2.cvtColor(tg_img, cv2.COLOR_BGR2RGB)
22     output_style_img = cv2.cvtColor(style_img, cv2.COLOR_BGR2RGB)
23
24 # Output
25     with col1:
26         st.header("対象画像")
27         st.image(output_img)
28
29     with col2:
30         st.header("画風画像")
31         st.image(output_style_img)
```

変更点は、5行目に横に並べる宣言をしており、今回は対象画像と画風画像の2つに分割しています。それをOutputの部分で、col1、col2を指定して表示しています。

では、アプリを動かしてみましょう。

●画像を並べるプログラムの実行結果

　画像が2つ横に並べられていますね。3つの場合は、5行目の数を3に増やして、変数としてcol3を増やせば3つにも変更できます。これらは、画像に限らず、グラフなどにも適用可能で、2つのグラフを並べたいときなども、streamlitでは簡単に作ることができてしまいます。

　さて、これで準備が整ったので、いよいよ画風変換機能を入れていきましょう。今回もあらかじめ用意されているモデルを使っていきます。

画風変換機能を実装しよう

　それでは、画風変換AIを実装していきます。今回は、Googleの機械学習ライブラリであるTensorFlowのチュートリアルをもとに画風変換を行っていきます。では、これまでと同様に、難しいことは置いておいて、アプリ実装してみましょう。基本的には、Process部分に画風変換処理を追加した上で、Output部分に画像表示を追加します。少し変更箇所が多くなるのに加えて自分で関数も作成して使用するので、難しいかもしれませんがまずは動かしてみましょう。

```
01: import streamlit as st
02: import cv2
03: import numpy as np
04: import tensorflow as tf
05: import tensorflow_hub as hub
```

```
06:
07: def preprocess(img):
08:     img = cv2.cvtColor(img, cv2.COLOR_BGR2RGB)
09:     ratio = 512 / max(img.shape[:2])
10:     img = cv2.resize(img, dsize=None,fx=ratio, fy=ratio)
11:
12:     img = img / 255.0
13:     img = img.astype(np.float32)
14:     img = img[tf.newaxis, :]
15:     return img
16:
17: module = hub.load('https://tfhub.dev/google/magenta/arbitrary-image-stylization-v1-256/2')
18:
19: col1, col2 = st.columns(2)
20:
21: # Input
22: upload_img = st.sidebar.file_uploader("画像アップロード", type=['png','jpg'])
23: upload_style_img = st.sidebar.file_uploader("画風画像アップロード", type=['png','jpg'])
24:
25: # Process
26: if (upload_img is not None)&(upload_style_img is not None):
27:
28:     bytes_data = upload_img.getvalue()
29:     tg_img = cv2.imdecode(np.frombuffer(bytes_data, np.uint8),
30:                           cv2.IMREAD_COLOR)
31:     bytes_data = upload_style_img.getvalue()
32:     style_img = cv2.imdecode(np.frombuffer(bytes_data, np.uint8),
33:                           cv2.IMREAD_COLOR)
34:
35:     output_img = cv2.cvtColor(tg_img, cv2.COLOR_BGR2RGB)
36:     output_style_img = cv2.cvtColor(style_img, cv2.COLOR_BGR2RGB)
37:
38:     tg_img = preprocess(tg_img)
```

```
39:        style_img = preprocess(style_img)
40:
41:        results = module(tf.constant(tg_img), tf.constant(style_img))[0][0]
42:        results = results.numpy()
43:
44: # Output
45:        with col1:
46:            st.header("対象画像")
47:            st.image(output_img)
48:
49:        with col2:
50:            st.header("画風画像")
51:            st.image(output_style_img)
52:
53:        st.title("変換結果")
54:        st.image(results)
```

●画風変換機能のプログラム

3_StyleTransfer_app.py ×

```python
1 import streamlit as st
2 import cv2
3 import numpy as np
4 import tensorflow as tf
5 import tensorflow_hub as hub
6
7 def preprocess(img):
8     img = cv2.cvtColor(img, cv2.COLOR_BGR2RGB)
9     ratio = 512 / max(img.shape[:2])
10    img = cv2.resize(img, dsize=None, fx=ratio, fy=ratio)
11
12    img = img / 255.0
13    img = img.astype(np.float32)
14    img = img[tf.newaxis, :]
15    return img
16
17 module = hub.load('https://tfhub.dev/google/magenta/arbitrary-image-stylization-v1-256/2')
18
19 col1, col2 = st.columns(2)
20
21 # Input
22 upload_img = st.sidebar.file_uploader("画像アップロード", type=['png','jpg'])
23 upload_style_img = st.sidebar.file_uploader("画風画像アップロード", type=['png','jpg'])
24
```

```
25 # Process
26 if (upload_img is not None)&(upload_style_img is not None):
27
28     bytes_data = upload_img.getvalue()
29     tg_img = cv2.imdecode(np.frombuffer(bytes_data, np.uint8),
30                           cv2.IMREAD_COLOR)
31     bytes_data = upload_style_img.getvalue()
32     style_img = cv2.imdecode(np.frombuffer(bytes_data, np.uint8),
33                              cv2.IMREAD_COLOR)
34
35     output_img = cv2.cvtColor(tg_img, cv2.COLOR_BGR2RGB)
36     output_style_img = cv2.cvtColor(style_img, cv2.COLOR_BGR2RGB)
37
38     tg_img = preprocess(tg_img)
39     style_img = preprocess(style_img)
40
41     results = module(tf.constant(tg_img), tf.constant(style_img))[0][0]
42     results = results.numpy()
43
44 # Output
45     with col1:
46         st.header("対象画像")
47         st.image(output_img)
48
49     with col2:
50         st.header("画風画像")
51         st.image(output_style_img)
52
53     st.title("変換結果")
54     st.image(results)
```

　変更点は、7〜15行目にpreprocessという関数を記述してあること、17行目にmoduleという名前で画風変換のモデルを読み込んでいること、38〜42行目で加工（preprocess）した後に画風変換を実行し、53、54行目で出力していることです。

　最初のpreprocessは、画風変換をするために必要な画像の調整です。後半で少し取り扱いますので、ここでは簡単に言うとRGBに変換したあと、最大が512ピクセルになるように画像を変換し、255で割ることで0から255の範囲を0から1の範囲に修正して、型を調整して戻しています。あまり難しく考えずに、画風変換に渡すための画像の事前加工と考えておけばまずはOKです。

　事前加工はtg_imgとstyle_imgの両方に必要であるため、繰り返し使えるように関数にしています。実際に、38行目、39行目で関数を呼び出して加工しています。関数にしておかないと、7〜15行目を2回書くことになってしまい非常に見

にくくなってしまいます。実際の画風変換自体は41行目のみで、42行目は受け取った結果を出力できる形に変換しています。このようにライブラリなどを活用するとたった1行でAIの処理自体は完了し、他の部分はAIに処理させるための変換となっています。

早速やってみましょう。もし、続けてやっている方は、「Return」や「Always return」をクリックするだけで処理が開始されます。表示されない方は「Browse Files」をクリックして「img01.png」と「style_img01.jpg」を指定すると画風変換が実行されます。

▼画風変換機能の実行

いかがでしょうか。写真が少し葛飾北斎のテイストに変化していることが分かりますね。

白い壁が波打つように見えています。では、次にゴッホの「style_img02.jpg」に変えてみましょう。画風画像アップロードの部分の「Browse Files」をクリックして、「style_img02.jpg」を選択します。その結果、先ほどとは違った画像が表示されます。

▼画風変換機能の実行 —ゴッホ画風—

　先ほどとは違い、草花のテイストが色濃く出ている画像になっています。いかがでしょうか。変換したい画像を変えたい場合は、画像アップロードの「Browse Files」をクリックして画像を変更すると、変換する画像を変更できます。サンプルデータでは、「img02.png」を用意していますが、それ以外の画像でも是非いろいろと試してみてください。

アニメ風画像に変換するアプリを作ってみよう

　ここまで、画風を選ぶと対象の画像を指定した画風に変換するアプリを作成してきました。ここからは、アニメ風画像に変換するアプリを作成していきましょう。原理は近いのですが、ここで使用する「animegan2-pytorch」というのは、anime-gan2というアルゴリズムをpytorchというライブラリで実装したものです。これまでとは違って、画風を選ぶのではなく、アニメの画風はあらかじめ学習済みで、対象の画像を指定すればアニメ風に変換してくれます。ぶっちゃけて言えば、こちらの方が非常に実装はシンプルなので、プログラムの数は少ないです。ここまでの復習も兼ねてやっていきましょう。

　先ほどまでとは違い、Inputは対象画像の指定のみで良いので1つになります。今回も、アップロードで指定できるようにします。

```
01: import streamlit as st
02: import cv2
03: import numpy as np
04: import torch
05: from PIL import Image
06:
07: model = torch.hub.load("bryandlee/animegan2-pytorch:main", "generator", p
retrained="face_paint_512_v2")
08: face2paint = torch.hub.load("bryandlee/animegan2-pytorch:main", "face2pai
nt")
09:
10: # Input
11: upload_img = st.sidebar.file_uploader("画像アップロード", type=['png','jp
g'])
12:
13: # Process
14: if upload_img is not None:
15:
16:     bytes_data = upload_img.getvalue()
17:     tg_img = cv2.imdecode(np.frombuffer(bytes_data, np.uint8),
18:                           cv2.IMREAD_COLOR)
19:     tg_img = cv2.cvtColor(tg_img, cv2.COLOR_BGR2RGB)
20:     tg_img = Image.fromarray(tg_img)
21:     output_img = face2paint(model, tg_img, size=512)
22:
23: # Output
24:     st.title("変換結果")
25:     st.image(output_img)
26:
```

🔻**アニメ風変換機能のプログラム**

```
3_StyleTransfer_app.py ×                                              •••
 1 import streamlit as st
 2 import cv2
 3 import numpy as np
 4 import torch
 5 from PIL import Image
 6
 7 model = torch.hub.load("bryandlee/animegan2-pytorch:main", "generator", pretrained="face_paint_512_v2")
 8 face2paint = torch.hub.load("bryandlee/animegan2-pytorch:main", "face2paint")
 9
10 # Input
11 upload_img = st.sidebar.file_uploader("画像アップロード", type=['png','jpg'])
12
13 # Process
14 if upload_img is not None:
15
16     bytes_data = upload_img.getvalue()
17     tg_img = cv2.imdecode(np.frombuffer(bytes_data, np.uint8),
18                           cv2.IMREAD_COLOR)
19     tg_img = cv2.cvtColor(tg_img, cv2.COLOR_BGR2RGB)
20     tg_img = Image.fromarray(tg_img)
21     output_img = face2paint(model, tg_img, size=512)
22
23 # Output
24     st.title("変換結果")
25     st.image(output_img)
26     |
```

　これまでやってきた画風変換に比べると非常にシンプルなのが分かりますね。もうここまでやられてきた皆さんにはお分かりかと思いますが、modelがAIモデルを読み込んでいる部分で、AIの処理自体は、21行目になります。先ほどの画風変換で使用したtensorflowと同じくらい有名なPytorchというライブラリを用いて、学習済みのモデルなどが公開して使いやすくしているのがtorch.hubで、その仕組みのおかげ短いプログラムでAIを使用することが可能になっています。では、実際に実行してみましょう。

　今回は「img02.png」をアップロードしてみましょう。アプリ画面に切り替えて、「Browse Files」から「img02.png」を指定してみましょう。

● アニメ風変換機能のプログラムの実行結果

いかがでしょうか。アニメ風のイラストに変換されました。こんなに短いプログラムで簡単にできてしまうのは、まさにAIの民主化のおかげであり、いろんな人がオープン化してくれているおかげです。

せっかくここまで作ったので、いくつか改良を加えていきましょう。

アニメ風画像に変換するアプリを改良してみよう

では、いくつか改良を行っていきます。まずはこれまでもやってきた改良を2つほど施します。1つ目は元画像と変換結果を並べるようにすることで、2つ目は変換結果をダウンロードできるようにすることです。変換結果を並べるにはカラムという概念で分割できましたね。またダウンロードは、1章、2章で扱ってきました。ここではAI自体はいじらないので、AIのProcess部分はいじらないというのは容易に想像できますね。では一気に2つやってしまいましょう。

```
01: import streamlit as st
02: import cv2
03: import numpy as np
04: import torch
```

```
05: from PIL import Image
06: from io import BytesIO, BufferedReader
07:
08: model = torch.hub.load("bryandlee/animegan2-pytorch:main", "generator", p
retrained="face_paint_512_v2")
09: face2paint = torch.hub.load("bryandlee/animegan2-pytorch:main", "face2pai
nt")
10:
11: col1, col2 = st.columns(2)
12:
13: # Input
14: upload_img = st.sidebar.file_uploader("画像アップロード", type=['png','jp
g'])
15:
16: # Process
17: if upload_img is not None:
18:
19:     bytes_data = upload_img.getvalue()
20:     tg_img = cv2.imdecode(np.frombuffer(bytes_data, np.uint8),
21:                           cv2.IMREAD_COLOR)
22:     tg_img = cv2.cvtColor(tg_img, cv2.COLOR_BGR2RGB)
23:     original_img = tg_img.copy()
24:
25:     tg_img = Image.fromarray(tg_img)
26:     output_img = face2paint(model, tg_img, size=512)
27:
28:     ret, enco_img = cv2.imencode(".png", cv2.cvtColor(np.array(output_img
),cv2.COLOR_BGR2RGB))
29:     BytesIO_img = BytesIC(enco_img.tostring())
30:     BufferedReader_img = BufferedReader(BytesIO_img)
31:
32:
33: # Output
34:     with col1:
35:      st.header("元画像")
36:      st.image(original_img)
```

```
37:
38:    with col2:
39:        st.header("変換結果")
40:        st.image(output_img)
41:
42:        st.download_button(label='ダウンロード',data=BufferedReader_img,
43:                           file_name="output.png",mime="image/png")
```

● 改良プログラム

```
3_StyleTransfer_app.py  ×

1 import streamlit as st
2 import cv2
3 import numpy as np
4 import torch
5 from PIL import Image
6 from io import BytesIO, BufferedReader
7
8 model = torch.hub.load("bryandlee/animegan2-pytorch:main", "generator", pretrained="face_paint_512_v2")
9 face2paint = torch.hub.load("bryandlee/animegan2-pytorch:main", "face2paint")
10
11 col1, col2 = st.columns(2)
12
13 # Input
14 upload_img = st.sidebar.file_uploader("画像アップロード", type=['png','jpg'])
15
16 # Process
17 if upload_img is not None:
18
19     bytes_data = upload_img.getvalue()
20     tg_img = cv2.imdecode(np.frombuffer(bytes_data, np.uint8),
21                           cv2.IMREAD_COLOR)
22     tg_img = cv2.cvtColor(tg_img, cv2.COLOR_BGR2RGB)
23     original_img = tg_img.copy()
24
25     tg_img = Image.fromarray(tg_img)
26     output_img = face2paint(model, tg_img, size=512)
27
28     ret, enco_img = cv2.imencode(".png", cv2.cvtColor(np.array(output_img),cv2.COLOR_BGR2RGB))
29     BytesIO_img = BytesIO(enco_img.tostring())
30     BufferedReader_img = BufferedReader(BytesIO_img)
31
32
33 # Output
34     with col1:
35         st.header("元画像")
36         st.image(original_img)
37
38     with col2:
39         st.header("変換結果")
40         st.image(output_img)
41
42         st.download_button(label='ダウンロード',data=BufferedReader_img,
43                            file_name="output.png",mime="image/png")
44 |
```

これまでもやってきているので、大丈夫ですね。11行目で1列であることを指定して、Outputの34行目からを大きく変えています。また、ダウンロード機能に関しては、28行目から30行目でダウンロードのための処理を施し、42行目でダウンロードボタンを追加しています。

では、実際にやってみましょう。

▼改良プログラムの実行結果③

改良の方針通り、元画像と変換結果は横並びに表示され、ダウンロードボタンも追加されています。ダウンロードボタンをクリックすると、pngファイルでダウンロードが可能です。

では、最後にAIにも関わる部分を拡張してみましょう。それは、AIのモデルを選択できるようにすることです。AIの学習済みモデルは、複数存在する場合もあります。今回は、2つのモデル「face_paint_512_v2」と「celeba_distill」を選択できるようにしてみましょう。Inputとして、セレクトボックスでモデル選択を行うようにして、その結果によって、変換する際のProcessを分岐させます。

```
01: import streamlit as st
02: import cv2
03: import numpy as np
04: import torch
05: from PIL import Image
```

```
06: from io import BytesIO, BufferedReader
07:
08: model1 = torch.hub.load("bryandlee/animegan2-pytorch:main", "generator",
pretrained="face_paint_512_v2")
09: model2 = torch.hub.load("bryandlee/animegan2-pytorch:main", "generator",
pretrained="celeba_distill")
10:
11: face2paint = torch.hub.load("bryandlee/animegan2-pytorch:main", "face2pai
nt")
12:
13: col1, col2 = st.columns(2)
14:
15: # Input
16: upload_img = st.sidebar.file_uploader("画像アップロード", type=['png','jp
g'])
17: select_model = st.sidebar.selectbox('モデル選択:',['face_paint_512_v2', 'c
eleba_distill'])
18:
19: # Process
20: if upload_img is not None:
21:
22:     bytes_data = upload_img.getvalue()
23:     tg_img = cv2.imdecode(np.frombuffer(bytes_data, np.uint8),
24:                             cv2.IMREAD_COLOR)
25:     tg_img = cv2.cvtColor(tg_img, cv2.COLOR_BGR2RGB)
26:     original_img = tg_img.copy()
27:
28:     tg_img = Image.fromarray(tg_img)
29:     if select_model == 'face_paint_512_v2':
30:        output_img = face2paint(model1, tg_img, size=512)
31:     elif select_model == 'celeba_distill':
32:        output_img = face2paint(model2, tg_img, size=512)
33:
34:     ret, enco_img = cv2.imencode(".png", cv2.cvtColor(np.array(output_img
),cv2.COLOR_BGR2RGB))
35:     BytesIO_img = BytesIO(enco_img.tostring())
```

```
36:        BufferedReader_img = BufferedReader(BytesIO_img)
37:
38:
39: # Output
40:    with col1:
41:        st.header("元画像")
42:        st.image(original_img)
43:
44:    with col2:
45:        st.header("変換結果")
46:        st.image(output_img)
47:
48:        st.download_button(label='ダウンロード',data=BufferedReader_img,
49:                        file_name="output.png",mime="image/png")
```

⬤モデル選択プログラム

```
3_StyleTransfer_app.py ×                                          •••

 1 import streamlit as st
 2 import cv2
 3 import numpy as np
 4 import torch
 5 from PIL import Image
 6 from io import BytesIO, BufferedReader
 7
 8 model1 = torch.hub.load("bryandlee/animegan2-pytorch:main", "generator", pretrained="face_paint_512_v2")
 9 model2 = torch.hub.load("bryandlee/animegan2-pytorch:main", "generator", pretrained="celeba_distill")
10
11 face2paint = torch.hub.load("bryandlee/animegan2-pytorch:main", "face2paint")
12
13 col1, col2 = st.columns(2)
14
15 # Input
16 upload_img = st.sidebar.file_uploader("画像アップロード", type=['png','jpg'])
17 select_model = st.sidebar.selectbox('モデル選択:',['face_paint_512_v2', 'celeba_distill'])
18
19 # Process
20 if upload_img is not None:
21
22     bytes_data = upload_img.getvalue()
23     tg_img = cv2.imdecode(np.frombuffer(bytes_data, np.uint8),
24                           cv2.IMREAD_COLOR)
25     tg_img = cv2.cvtColor(tg_img, cv2.COLOR_BGR2RGB)
26     original_img = tg_img.copy()
```

```
27
28      tg_img = Image.fromarray(tg_img)
29      if select_model == 'face_paint_512_v2':
30        output_img = face2paint(model1, tg_img, size=512)
31      elif select_model == 'celeba_distill':
32        output_img = face2paint(model2, tg_img, size=512)
33
34      ret, enco_img = cv2.imencode(".png", cv2.cvtColor(np.array(output_img), cv2.COLOR_BGR2RGB))
35      BytesIO_img = BytesIO(enco_img.tostring())
36      BufferedReader_img = BufferedReader(BytesIO_img)
37
38
39  # Output
40      with col1:
41        st.header("元画像")
42        st.image(original_img)
43
44      with col2:
45        st.header("変換結果")
46        st.image(output_img)
47
48        st.download_button(label='ダウンロード', data=BufferedReader_img,
49                  file_name="output.png", mime="image/png")
50
```

　変更点は、8、9行目でモデル定義を2つにしています。その後、17行目にセレクトボックスを追加してモデルを選択できるようにしています。最後にProcess内の29行目から32行目でセレクトボックスの値によって処理を分岐させています。非常に簡単なIf文だけでAIモデルを変更できますね。それではやってみましょう。画像は「img02.png」で、モデルは「face_paint_512_v2」をまずは選択してみます。

◯モデル選択プログラムの実行結果①

この表示結果は、先ほどと変わりませんね。先ほどまで使用していたモデル自体が「face_paint_512_v2」でしたので、セレクトボックスが追加された以外は出力結果も変わりません。では、モデルを「celeba_distill」に変えてみましょう。

🔻 モデル選択プログラムの実行結果②

変更すると自動的に再計算が行われ、変換結果が変わります。先ほどまでとはちがった出力結果になっていることがわかりますね。自分で学習をさせてAIモデルを構築し、「○○風モデル」などをたくさん作成しておくと、さらに楽しいアプリになりそうですね。

これで、画風変換およびアニメ風画像変換のアプリ編は終了です。前半はプログラムが少し複雑でしたが、対象画像と参考にする画風の2枚の画像から画風変換するアプリを作成してきました。2枚の画像を処理する必要があったので、関数なども作成して活用したりと少しコードが複雑化しています。しかし、AIの処理自体は非常にシンプルで、IPOさえ押さえてしまえば中身は理解しやすかったのではないでしょうか。また、アニメ風画像への変換アプリは、学習済みモデルやライブラリのおかげで非常にシンプルに実装が可能でしたね。このように、オープンソースを活用することで簡単にAIを活用することができます。ただし、オープンソースにも商用利用に関しては、制限がかかっていることも多いので、業務で活用したりする場合などは、ライセンスを確認するようにしましょう。

画風変換AIを紐解こう

さて、後半では、画風変換AIを簡単に紐解いていきます。基本的にはこれまでと同様に、AIの詳細の処理には踏み込まずにAIがどんなデータを入力としていて、どんな出力をするのかを中心に見ていきます。ぜひアプリ編も振り返りながら進んでみてください。

画風変換AIへの入力データを知ろう

では、Google Colaboratoryを活用して1つずつセルを実行しながら、動かしていきましょう。まずは準備からになります。Google Driveとの接続です。

```
# Google Driveと接続を行います。これを行うことで、Driveにあるデータにアクセスできるようになります。
# 下記セルを実行すると、Googleアカウントのログインを求められますのでログインしてください。
from google.colab import drive
drive.mount('/content/drive')


# 作業フォルダへの移動を行います。
# もしアップロードした場所が異なる場合は作業場所を変更してください。
import os
os.chdir('/content/drive/MyDrive/ai_app_dev/3章') #ここを変更
```

●GoogleDriveへの接続

　これまでやってきたのと同じです。Google Driveへの接続はアカウントにログインして、許可をクリックしてください。これで、Google Driveのデータにアクセスできるようになりました。では、続いて静止画（画像）を読み込んで、表示させます。cv2_imshowで表示させます。今回は、2つの画像が必要でしたね。ここでは、「img01.png」と「style_img02.jpg」を読み込んでいきます。まずは、「img01.png」からです。

```python
import cv2
from google.colab.patches import cv2_imshow
tg_img = cv2.imread('data/input/img01.png')
cv2_imshow(tg_img)
```

◉「img01.png」データの読み込み

```
import cv2
from google.colab.patches import cv2_imshow
tg_img = cv2.imread('data/input/img01.png')
cv2_imshow(tg_img)
```

OpenCVで読み込んで、OpenCVの機能を使って表示しています。続いて、
「style_img02.jpg」です。

```
style_img = cv2.imread('data/input/style_img02.jpg')
cv2_imshow(style_img)
```

◯「style_img02.jpg」データの読み込み

　こちらは、表示に時間がかかりますが、それはサイズが大きいためです。実際、スクロールしないと絵をすべて見ることができません。では、サイズの違いがあるので、これらの画像の形状を押さえておきましょう。shapeを使えば簡単に形状が把握できますね。

```
print(tg_img.shape)
print(style_img.shape)
```

◯画像の形状

```
[5]  print(tg_img.shape)
     print(style_img.shape)

     (480, 640, 3)
     (1002, 1280, 3)
```

　これまでにも触れてきましたが、OpenCVの場合、高さ、幅、チャンネル数の順番で、チャンネル数はカラーなのでBGRの3です。これを見ると画像サイズに2倍程度の差が見られますね。

　ここから、アプリでは関数にしたpreprocessの中身を見ていきますが、このpreprocessというのは、端的に言うとこの画像サイズをある程度揃える処理になります。ここでは、関数化せずに1つ1つ見ていきます。まずは、preprocessの

前半部分を見ていきます。

```
tg_img = cv2.cvtColor(tg_img, cv2.COLOR_BGR2RGB)
ratio = 512 / max(tg_img.shape[:2])
tg_img = cv2.resize(tg_img, dsize=None,fx=ratio, fy=ratio)
print(ratio)
print(tg_img.shape)
```

●画像のリサイズ

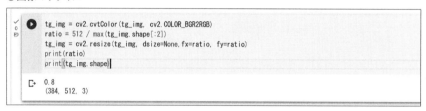

1行目のcv2.cvtColor(tg_img, cv2.COLOR_BGR2RGB)は、これまでにも何度も出てきていますが、BGRをRGB系に変更しています。2行目は、今回の「img01.png」画像の幅／高さの大きい値を取得して、すべて512になるように比率を計算しています。ここでは、0.8になっていますが、512 / 640 で0.8という結果になっています。高さと幅のどちらにも0.8を掛けて小さくしています。これで、縦横比は維持されたまま画像が小さくなります。実際のshapeは高さ384、幅512になっています。512という数字にしているのには大きな理由はないのですが、画像系などでは256、512などの数字で学習されることが多いので、512にしています。また、これらの数字はbitとも密接に関係しています。ここで注意してほしいのは、今回のセルを2回実行すると、tg_imgがリサイズされたものに上書きされてしまっているため、ratioが0.8ではなく1になります。後続の計算には影響ありませんが、もし実行し直したい場合は、データを読み込んでいる部分まで戻ってセルを実行し直してください。

では、続いて後半の処理に移っていきます。まずは、255で割っている処理まで見ていきましょう。

```
print(tg_img)
tg_img = tg_img / 255.0
print(tg_img)
```

◉ 正規化処理

```
[21]  print(tg_img)
      tg_img = tg_img / 255.0
      print(tg_img)

      [[[188 173 151]
        [188 173 151]
        [188 173 151]
        ...
        [202 184 163]
        [202 184 163]
        [202 184 163]]

       [[188 173 151]
        [188 173 151]
        [188 173 151]
        ...
        [202 184 163]
        [202 184 163]
        [202 184 163]]

       [[188 173 151]
        [188 173 151]
        [188 173 151]
```

　処理自体は非常にシンプルで、255で割り算しているだけです。画像はそもそも
0 〜 255の範囲なので、255で割ると0 〜 1の範囲に変換できます。これを正規
化処理と呼びます。実際に、変換前である上の方のデータは、188などの大きめ
の値が出ていますが、下にスクロールしていくと、0.73などの1以下の数字が並ん
でいます。

◉ 正規化処理結果

```
●     [0. 7372549  0. 67843137 0. 59215686]
      [0. 7372549  0. 67843137 0. 59215686]
⊏▸    ...
      [0. 79215686 0. 72156863 0. 63921569]
      [0. 79215686 0. 72156863 0. 63921569]
      [0. 79215686 0. 72156863 0. 63921569]]

     [[0. 7372549  0. 67843137 0. 59215686]
      [0. 7372549  0. 67843137 0. 59215686]
      [0. 7372549  0. 67843137 0. 59215686]
      ...
      [0. 79215686 0. 72156863 0. 63921569]
      [0. 79215686 0. 72156863 0. 63921569]
      [0. 79215686 0. 72156863 0. 63921569]]

      ...

     [[0. 54117647 0. 55294118 0. 62352941]
      [0. 55686275 0. 56862745 0. 63921569]
      [0. 59215686 0. 60392157 0. 6745098 ]
      ...
      [0. 18039216 0. 18039216 0. 16078431]
      [0. 18039216 0. 18039216 0. 16078431]
      [0. 18039216 0. 18039216 0. 16078431]]

     [[0. 70980392 0. 72156863 0. 77254902]
      [0. 74509804 0. 75686275 0. 80784314]
      [0. 75294118 0. 76470588 0. 81568627]
      ...
      [0. 17254902 0. 17254902 0. 15294118]
      [0. 17254902 0. 17254902 0. 15294118]
      [0. 17254902 0. 17254902 0. 15294118]]
```

　これは、AIモデルにも依りますが、今回のモデルの場合は0〜1の範囲でしか受け付けないようなモデルになっているため、0〜1の範囲に変換しています。この処理は繰り返しセルを実行してしまうと、どんどん小さな値になっていってしまいます。そのため、もし繰り返し実行してしまった場合は、画像を読み込むところから再度実行してください。

　では、最後に形状を整える部分を見ていきましょう。

```
import numpy as np
import tensorflow as tf
tg_img = tg_img.astype(np.float32)
tg_img = tg_img[tf.newaxis, :]
print(tg_img.shape)
```

◯ 形状を整える処理

```
[31]  import numpy as np
      import tensorflow as tf
      tg_img = tg_img.astype(np.float32)
      tg_img = tg_img[tf.newaxis, :]
      print(tg_img.shape)

      (1, 384, 512, 3)
```

　最初の2行はライブラリのインポートです。ライブラリのインポートは、アプリ編のように基本的には一番上にまとめるのが一般的ですが、ここでは都度必要になったらインポートしています。3行目でデータの方をfloat32に変換した上で、4行目でデータの形状を整えています。出力結果を見るとわかるのですが、1が加わっています。AIでよくあるのがバッチという考え方で、ここではファイル数のようなものをイメージしてもらえれば大丈夫です。つまり、今回は1つの画像「img01.png」なので1が記載されています。ここも、こういう形式に整える必要があるということを覚えておきましょう。オープンソースのAIを使う場合、このようなデータ形状を合わせる処理が一番難しいです。これは慣れていくしかないのですが、大抵のオープンソースのプログラムには、サンプル処理が記載されているので、それを参考に1つ1つ紐解いていくのが一般的です。では、これでAIに入れる前の処理をなんとなく理解できたと思うので、いよいよAIに入れていきましょう。

画風変換AIを実行しよう

　では、AIに入れていく部分をやっていきますが、参考にする画風画像の方も処理が必要ですね。ここでは、対象画像の加工は済んでいるものの、対象画像と画風画像の両方に対して、もう一度読み込みから加工までを実施しておきます。ここでは関数を使わずにそのまま記載します。

　では、一気に進めていきます。

```python
tg_img = cv2.imread('data/input/img01.png')
style_img = cv2.imread('data/input/style_img02.jpg')


tg_img = cv2.cvtColor(tg_img, cv2.COLOR_BGR2RGB)
ratio = 512 / max(tg_img.shape[:2])
tg_img = cv2.resize(tg_img, dsize=None,fx=ratio, fy=ratio)


tg_img = tg_img / 255.0
tg_img = tg_img.astype(np.float32)
tg_img = tg_img[tf.newaxis, :]


style_img = cv2.cvtColor(style_img, cv2.COLOR_BGR2RGB)
ratio = 512 / max(style_img.shape[:2])
style_img = cv2.resize(style_img, dsize=None,fx=ratio, fy=ratio)


style_img = style_img / 255.0
style_img = style_img.astype(np.float32)
style_img = style_img[tf.newaxis, :]
```

◎画風変換のための事前加工

```
[32]  tg_img = cv2.imread('data/input/img01.png')
      style_img = cv2.imread('data/input/style_img02.jpg')

      tg_img = cv2.cvtColor(tg_img, cv2.COLOR_BGR2RGB)
      ratio = 512 / max(tg_img.shape[:2])
      tg_img = cv2.resize(tg_img, dsize=None, fx=ratio, fy=ratio)

      tg_img = tg_img / 255.0
      tg_img = tg_img.astype(np.float32)
      tg_img = tg_img[tf.newaxis, :]

      style_img = cv2.cvtColor(style_img, cv2.COLOR_BGR2RGB)
      ratio = 512 / max(style_img.shape[:2])
      style_img = cv2.resize(style_img, dsize=None, fx=ratio, fy=ratio)

      style_img = style_img / 255.0
      style_img = style_img.astype(np.float32)
      style_img = style_img[tf.newaxis, :]
```

　先ほどimg01.pngに対して実施してきた加工を、参考にする画風の「style_img02.jpg」に対しても実施しています。では、続いて画風変換AIの準備です。

```
import tensorflow_hub as hub
module = hub.load('https://tfhub.dev/google/magenta/arbitrary-image-stylization-v1-256/2')
```

◎モデルの読み込み

```
[34]  import tensorflow_hub as hub
      module = hub.load('https://tfhub.dev/google/magenta/arbitrary-image-stylization-v1-256/2')
```

　ここでも必要なライブラリをインポートしています。アプリ編でも少し話しましたが、tensorflowはGoogleが提供している機械学習系のライブラリで、その中でもtensorflow hubでは様々なモデルを公開してくれています。今回はそれを使用しています。
　では、続いてAIによる画風変換を実行するとともに結果を出力してみましょう。

```
outputs = module(tf.constant(tg_img), tf.constant(style_img))
outputs
```

● 画風変換結果

```
outputs = module(tf.constant(tg_img), tf.constant(style_img))
outputs
```

```
[<tf.Tensor: shape=(1, 384, 512, 3), dtype=float32, numpy=
array([[[[0.41148835, 0.5235549 , 0.73723555],
         [0.47341606, 0.56337976, 0.79427326],
         [0.4657305 , 0.5828244 , 0.78587186],
         ...,
         [0.45372707, 0.57818925, 0.7302434 ],
         [0.48059684, 0.6232526 , 0.7661912 ],
         [0.42668203, 0.5655109 , 0.7163553 ]],

        [[0.4483785 , 0.5291615 , 0.75388265],
         [0.50590533, 0.570002  , 0.8096043 ],
         [0.5623286 , 0.6410177 , 0.828689  ],
         ...,
         [0.6110127 , 0.68720794, 0.8179956 ],
         [0.6294543 , 0.7203503 , 0.8420722 ],
         [0.5841439 , 0.6731077 , 0.8104436 ]],

        [[0.4281944 , 0.549147  , 0.73721457],
         [0.49021056, 0.60155606, 0.7913335 ],
         [0.61292464, 0.7142853 , 0.8464158 ],
         ...,
         [0.54093164, 0.6604703 , 0.7672955 ],
         [0.5491544 , 0.6817747 , 0.7939604 ],
         [0.49037248, 0.62204087, 0.7449462 ]],
```

　予測結果を見ると、0.4などの1以下の数字が並んでいます。これは、正規化した画像データになっています。そのため0 〜 255に変換する場合は255を掛ける必要があります。アプリ編では、0 〜 1でもstreamlitで処理してくれるので255を掛け算せずにそのまま出力しています。ここでは0 〜 255に変換した上でOpenCVを使って可視化してみましょう。

```
output_img = outputs[0][0]
output_img = output_img.numpy()
output_img = output_img * 255
output_img = output_img.astype('uint8')
output_img = cv2.cvtColor(output_img, cv2.COLOR_RGB2BGR)
cv2_imshow(output_img)
```

◉画風変換結果の表示

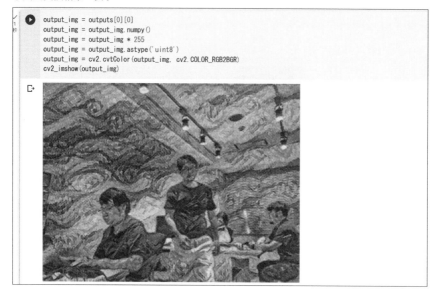

```
output_img = outputs[0][0]
output_img. numpy()
output_img = output_img * 255
output_img = output_img. astype('uint8')
output_img = cv2. cvtColor(output_img, cv2. COLOR_RGB2BGR)
cv2_imshow(output_img)
```

　最初に、outputs[0][0] で今回の変換結果のみを出力しています。この部分も使用する AI モデルに寄る部分は多く、今回のケースでは [0][0] の指定で取得できます。

　その後、numpy で扱えるように変換した後に、255 を掛けています。numpyは、画像データに限らず数字を扱いやすくするライブラリです。画像データの場合、0 ～ 255 に int 型なので、uint8 で変換しています。今回のように astype を強引に int 型に変換した場合、小数点以下は切り捨てされます。最後に、現在のデータは RGB なので、OpenCV に整えるために BGR に変換して、表示しています。

　いかがでしょうか。ここまで、画風変換の方の処理を見てきました。今回用いた画風変換モデルでは、いろいろと事前加工が必要なため関数化していましたが、少しどんな加工をしているのかをイメージすることができたのではないでしょうか。出力部分もそうなのですが、画像系の場合の注意点である、RGB/BGR に加えて、0 ～ 1/0 ～ 255 の違いも把握するのが重要なので覚えておきましょう。

　では、最後に簡単にアニメ風画像変換に触れて終わりにしましょう。

アニメ風変換AIを見てみよう

　まずは、入力データについて見ていきましょう。CV2で読み込んで、アニメ風画像変換AIに入れる前のデータ形式に変換します。今回使用するAIでは、PILという画像系ライブラリの形式が必要になります。では、「img02.png」に対して実行してみましょう。途中でcv2の形状も出力しています。

```python
from PIL import Image
tg_img = cv2.imread('data/input/img02.png')
print(tg_img.shape)


tg_img = cv2.cvtColor(tg_img, cv2.COLOR_BGR2RGB)
tg_img = Image.fromarray(tg_img)
```

❤アニメ風画像変換に向けたデータ整形

```python
[73]  from PIL import Image
      tg_img = cv2.imread('data/input/img02.png')
      print(tg_img.shape)

      tg_img = cv2.cvtColor(tg_img, cv2.COLOR_BGR2RGB)
      tg_img = Image.fromarray(tg_img)

      (480, 640, 3)
```

　形状は、高さ480、幅640、チャンネル数が3でカラー画像であることが分かりますね。RGBに変換したあとに、Image.fromarray(tg_img)の部分でPILライブラリによって読み込み直しています。実は、OpenCVを使わずに直接読み込みも可能ですが、ここまでOpenCVを起点に説明してきたので、一旦OpenCVで読み込んでいます。では、このPILでの形状はどうなっているのか確認していきましょう。

```python
print(tg_img.mode)
print(tg_img.size)
```

● PILの形状確認

```
[72]  print(tg_img.mode)
      print(tg_img.size)

      RGB
      (640, 480)
```

　これまでのshapeではなく、modeやsizeで取り出しが可能です。modeに
よってRGBであることが、sizeが640×480であることから、OpenCVとは順番
が異なり、幅×高さであることがわかりますね。では、続いてモデルを読み込んで
いきます。

```
import torch


model = torch.hub.load("bryandlee/animegan2-pytorch:main", "generator", pretr
ained="face_paint_512_v2")

face2paint = torch.hub.load("bryandlee/animegan2-pytorch:main", "face2paint")
```

● アニメ風画像変換モデルの読み込み

```
[14]  import torch

      model = torch.hub.load("bryandlee/animegan2-pytorch:main", "generator", pretrained="face_paint_512_v2")
      face2paint = torch.hub.load("bryandlee/animegan2-pytorch:main", "face2paint")

      /usr/local/lib/python3.10/dist-packages/torch/hub.py:286: UserWarning: You are about to download and run code from an untrusted repository. In a future release, this
        warnings.warn(
      Downloading: "https://github.com/bryandlee/animegan2-pytorch/zipball/main" to /root/.cache/torch/hub/main.zip
      Downloading: "https://github.com/bryandlee/animegan2-pytorch/raw/main/weights/face_paint_512_v2.pt" to /root/.cache/torch/hub/checkpoints/face_paint_512_v2.pt
      100%|████████████| 8.20M/8.20M [00:00<00:00, 79.1MB/s]
      Using cache found in /root/.cache/torch/hub/bryandlee_animegan2-pytorch_main
```

　アプリ編でもやりましたが、モデルは複数用意されていますが、ここでは、
face_paint_512_v2を読み込んでいます。では続いて、AIによるアニメ風画像変
換に行きましょう。

```
out = face2paint(model, tg_img, size=512)
out
```

```
out = face2paint(model, tg_img, size=512)
out
```

　非常に簡単に変換結果を取得可能ですね。なお、モデルを変更したい場合は、face2paint(model, tg_img, size=512)のmodel部分に違うモデルを指定すれば良いです。アプリ編では、pretrained="celeba_distill"を指定して別モデルをmodel2として定義しておき、face2paint(model2, tg_img, size=512)で指定していました。ここでは取り扱いませんが、興味のあるかたは試してみると良いでしょう。

　なおPILイメージの場合、outの1行でGoogle Colab上で出力できます。アプリ編ではst.image()でそのまま指定していますが、streamlitではPILイメージはそのまま渡せば表示可能なため、特に画像処理を施さずに渡しています。

　いかがでしょうか。ここまで特にAIに入れる入力やAIが吐き出す結果である出力がどうなっているのかを中心に見てきました。AIに対してのIPOが少しイメージできたのではないでしょうか。同じ画風変換であっても使用するオープンソースによって、入力/出力の形式は異なります。ただ、画像系の場合は、OpenCV/PILなどの形式によってRGBや高さ/幅の形式などが異なる点や、0〜1と0〜255などが異なる点などを押さえておくと良いでしょう。

　これで、写真の画風を変える AI を活用した 3 章は終了です。お疲れ様でした。1 章、2 章では、「どこに」「なにが」写っているのかを予測する技術でしたが、3 章では AI の出力結果をそのまま使用するものでしたね。画像生成系 AI はほとんど同じで、出力結果は画像データとして渡されます。ただし、AI の出力結果やどのような入力をするべきなのかはオープンソースの種類などによっても異なるので、どのような形式で入 / 出力すれば良いのかを押さえることが重要です。これはつまり AI に対しての IPO の I と O の部分を適切に把握することと同義です。前半・後半を読んでみて、その意味が少し理解できたのではないでしょうか。

　では続く 4 章では、これまで扱ってきた画像からは少し離れて、言語系の AI を活用してアプリを作成していきます。

コラム②：対談「教育現場でどう役に立つのか？」

教員Mさん

画像生成や類似の技術を使うと数字でそれが明確にでる。教育現場は感覚的な評価が多いので、ちゃんと数字で表せるのが良い。

エンジニアSさん

数字だとネガティブに伝わってしまうこともあるよね？

教員Mさん

あるにはあるよね。曖昧だからいい時もあるから、上手に伝えるのが大事。子供に直接みせないとか、大人が考える必要があると思う。

エンジニアSさん

データ分析もスペシャリストのその先はデータを扱えるだけじゃなく、人情に訴えることができるかどうか、と言っていて、そういう部分が大事だよね。

教員Mさん

感覚的なことも当たっているし大事で、そこと数字的な結果と使い方を大人がよく注意するべきだね。

エンジニアSさん

使い方の示し方だよね。AIが言ってます、だとだめだよね。個人的には使い方の部分が最終的に大事と伝えたかった。先生って人を導いてく仕事だと、そこは向き合っているし大事だと思うよね。実際に教育現場だとどう使うようになるかな？

教員Mさん

例えば、クラス分けとかはあるよね。成績とかの分析にAIを活用したりして、クラス分けや進路指導、学習指導とかに使っていくと、これまでと違った視点が生まれると思う。あとは教員の研修で、どう子供たちが変化したのかを判断するためにも活用できるかも。集中度合とか、反応の仕方とかを客観的にみるために。

クラス分けっていうのは今まで考慮できなかった部分も反映できそうってことかな。

そうだね。それぞれ先生たちの持っている情報も限りがあるし、一人の目でみていること以外がAI使うともっと分かったりとかするのかも。

例えば、数学が苦手、じゃなくって、数学の〇〇ができないって細かく分かるようになるとか、単純に学力でもありそうだね。

今どこも学習アプリが授業に入っているから、単元ごとに学習内容を調整するっていうのは、今もできているところあるよね。

そういう意味では、学習の面ではそこが重要だよね。どこが出来てないのか見つけて、深める。その繰り返しって感じがする。

そういう部分をデータの力で少しでも解決できると良いと思う。

テキストを単語に分割する
AIでアプリを作ってみよう

ここまでは、画像系AIを取り扱ってきました。1章2章では、「どこに」「何が写っているのか」を検知する物体検知や骨格推定を、3章では画風変換ということで、対象の画像に対して、似せたい画風も同時に渡して、画風変換する技術を用いてアプリを作成しました。これらはあくまでも画像を渡してAIが処理するものでした。

ここからは言語系の技術として、形態素解析をやっていきます。形態素解析はAIの中では比較的歴史が古い技術ですが、単語を分割することで、どんな単語が多く含まれているのかなどを知ることができます。もうお分かりのように、一番大きく異なるのは、Inputが画像ではないという点です。今回は、Inputとして文字（文章）を入力して、Processとしては単語に分割し、Outputは単純な文字の出力やグラフなどにして表示していきます。基本的には、これまでと同じように、IPOを意識しながら進めていきましょう。

Section 4-1 どんな単語が含まれているか可視化するアプリを作成しよう

　それではアプリを作成していきます。先ほどと繰り返しになりますが、これまでの画像系AIでは、画像を入力としていましたが、4章ではテキストが入力データになります。その入力された文章をもとに、単語に分割していきます。単語に分割できれば、単語数などを集計することでどんな単語がどのくらい含まれているかなどを可視化することが可能になります。では、早速アプリを作成していきましょう。

文字を入力できるようにしよう

　では、これまでと同じようにまずはInput機能を作成していきます。これまでは画像を取り扱ってきたので、camera_inputやfile_uploader で画像を指定して取得してきました。一方で、ここでは文字を受け付ける必要があるので、テキストボックスを使用します。早速やっていくのですが、これまでと同様に、まずはstreamlitを動かしてから、アプリを開発していきます。

　Google Driveにアクセスして4章のフォルダに入っている「4_run_streamlit.ipynb」をダブルクリックして起動しましょう。

💿「4_run_streamlit.ipynb」の起動

　もうお馴染みの処理になっているかと思いますが、必要なライブラリをインストールして、Google Driveへの接続、3つ目でstreamlitのプログラムを書くファイルを表示して、最後にstreamlitを起動しています。

　それでは順番に実行していきましょう。

💿セルの実行

　表示されたURLにアクセスして、streamlitの画面を開きましょう。覚えていますか。まずは「your url is:」にあるURLをクリックします。続いて画面が表示されたら、「External URL :」に書いてあるアドレスを入力し、Click to Submitを押します。「4_WordAnalysis_app.py」にはまだ何も記述していないので、白い画面が表示されます。

　では、テキストボックスを配置していきましょう。

```
import streamlit as st

# Input
input_text = st.text_input('文章入力')

# Process

# Output
st.write('入力した文章：', input_text)
```

🔽 テキストボックス機能のプログラム

```
4_WordAnalysis_app.py  ×                        •••
1 import streamlit as st
2
3 # Input
4 input_text = st.text_input('文章入力')
5
6 # Process
7
8 # Output
9 st.write('入力した文章：', input_text)
10
```

st.text_inputを使えば非常に簡単に文字入力機能を作成できます。そこで受け取った文字をst.writeで出力しています。では、動かしてみましょう。

●テキストボックス機能のプログラムの実行結果

テキストボックスの内容を色々変えてみると、下に出力される文字が変わります。いろいろ試してみると良いでしょう。

さて、このまま単語分割機能である形態素解析を実装しても良いのですが、文字を入力したら即時実行されるのではなく、ボタンなどを実行するようにしておかないと、常に動いてしまいます。そこで、ボタンをきっかけにProcessが動くように変更しておきましょう。そうしておけば、重たい処理を実行した場合でも即時実行ではなくなります。

```
import streamlit as st

# Input
input_text = st.text_input('文章入力')

# Process
if st.button('実行'):

# Output
  st.write('入力した文章：', input_text)
```

○ボタン機能のプログラム

```
4_WordAnalysis_app.py  ×                          •••
1 import streamlit as st
2
3 # Input
4 input_text = st.text_input('文章入力')
5
6 # Process
7 if st.button('実行'):
8
9 # Output
10   st.write('入力した文章：', input_text)
11
```

　Process部分に、if文を追加しています。これは、ボタンが押された時のみにこの処理が実行されます。今回は難しい処理を入れておらず、st.writeで入力した文章を出力しています。では、試してみましょう。アプリ画面に移って、テキストボックスの文章を変えてみましょう。ここでは「これはテストです。ボタン機能を追加しました。」と入力しています。入力したら実行ボタンを押すのを忘れないでください。

●ボタン機能のプログラムの実行結果

文章入力

これはテストです。ボタン機能を追加しました。

実行

入力した文章：これはテストです。ボタン機能を追加しました。

Made with Streamlit

　これで、文字入力を変えただけでは、テキストは出力されずに、実行ボタンを押すと出力されます。再度、テキストボックスの中身を変えると、「入力した文章：」の出力は非表示になり、再度実行ボタンを押すまでは消えています。いろいろと遊んでみてください。

　それでは続いて、単語を分割した結果を表示していきます。

単語を分割してみよう

　それでは、単語を分割していきます。単語分割は、形態素解析と言われる技術で、英語のように、単純な空白区切りで分割できない日本語では非常に重要かつ基礎的な技術です。

　ここでは、spaCyとGiNZAを使用して形態素解析をしていきます。形態素解析ではMeCabやJanomeなども有名ですが、最近ではGiNZAも非常に注目されており、最新の単語にも対応しています。言語は日々新しい言葉が生まれているのですぐに陳腐化しがちですが、先ほど挙げたような有名なライブラリであれば何かしらの対処がされているので、なるべく有名なライブラリを活用すると良いでしょう。

　では、早速やってみましょう。後半で中身の説明は実施するので、まずは動かしてみましょう。

```
01: import streamlit as st
02: import spacy
03:
04: nlp = spacy.load('ja_ginza')
05:
06: # Input
07: input_text = st.text_input('文章入力')
08:
09: # Process
10: if st.button('実行'):
11:     doc = nlp(input_text)
12:     output_word = []
13:     for token in doc:
14:         output_word.append(token)
15:
16: # Output
17:     st.write('入力した文章：', input_text)
18:     st.write(output_word)
19:
```

🔽 単語分割プログラム

```
4_WordAnalysis_app.py  ×                          ···
1  import streamlit as st
2  import spacy
3
4  nlp = spacy.load('ja_ginza')
5
6  # Input
7  input_text = st.text_input('文章入力')
8
9  # Process
10 if st.button('実行'):
11   doc = nlp(input_text)
12   output_word = []
13   for token in doc:
14     output_word.append(token)
15
16 # Output
17   st.write('入力した文章：', input_text)
18   st.write(output_word)
19
```

　2行目で必要なライブラリを読み込んでいます。4行目でGiNZAの日本語版モデルを読み込んでいます。これまでの画像系AIでもありましたが、AIであれば必ずモデルが存在し、そのモデルを読み込むことで使用できます。準備が整ったので、Process内で形態素解析を行っています。11行目が実際の形態素解析となります。12行目からはその結果を取り出しており、それをoutput_wordという配列に格納して、最後にOutputのところで出力しています。それでは、まずは見ていきましょう。アプリ画面に移って、テキストボックスに入力してみてください。ここでは、「これはテストです。ボタン機能を追加しました。」というメッセージを引き続き入力しています。

●単語分割プログラムの実行結果①

文章入力

これはテストです。ボタン機能を追加しました。

実行

入力した文章：これはテストです。ボタン機能を追加しました。

▼ [
　　0 : "これ"
　　1 : "は"
　　2 : "テスト"
　　3 : "です"
　　4 : "。"
　　5 : "ボタン"
　　6 : "機能"
　　7 : "を"
　　8 : "追加"
　　9 : "し"
　　10 : "まし"
　　11 : "た"
　　12 : "。"
]

　その結果、各単語が分割された形で出てきているのが確認できます。いろいろと文章を変えてみると良いでしょう。有名なのは、「すもももももももものうち」です。やってみましょう。

●単語分割プログラムの実行結果②

```
文章入力

 すもももももももものうち

 実行

入力した文章：すもももももももものうち

▼ [
    0 : "すもも"
    1 : "も"
    2 : "もも"
    3 : "も"
    4 : "もも"
    5 : "の"
    6 : "うち"
]
```

　しっかりと、「すもも」「も」「もも」「も」「もも」「の」「うち」に分けられていますね。これで文章を単語に分割する技術を使うことができました。非常に簡単ですね。文章を単語に分割しただけであるように感じる方もいらっしゃるかと思いますが、人間が文章の特徴を考える場合でも、文章の中にどんな単語が含まれているかである程度認識していると思いませんか。「野球」や「ヒット」「ホームラン」などの文字が多く含まれていればスポーツの文章であることが想像できます。それもあって、言語処理の第一歩は形態素解析であり、古い技術ではあるものの、単語分割だけでも様々なアプリが作成できるのです。では、もう少し様々な情報を引き出してみましょう。

単語に関する情報を抽出してアプリを拡張しよう

　形態素解析は単語に分割するだけではなく、その単語が「どんな品詞」なのか
や「原型」を取ることができます。「品詞」がわかると名詞だけを絞り込んで表示
することも可能です。「は」などのような助詞などはどの文章にも含まれるので、名
詞だけに絞り込むだけで、助詞などに引っ張られずに、文章の特徴を掴むことが
可能になります。

　ではもう一方の「原型」に関しては、例えば、「家に行ってから」という文字を普
通に分割すると、「家」「に」「行っ」「て」「から」なのだが、原型を取ると「家」「に」
「行く」「て」「から」となり、「行っ」ではなく「行く」になる。これによって、単語
の数を数えるときに「行っ」と「行く」が別の単語としてではなく同じ単語として数
えることができる。

　このような表記のゆれを解消することができます。では、まずは原型を取得す
るところからやってみましょう。たった一か所変更するだけで原型を取り出せま
す。

```python
import streamlit as st
import spacy


nlp = spacy.load('ja_ginza')


# Input
input_text = st.text_input('文章入力')


# Process
if st.button('実行'):
  doc = nlp(input_text)
  output_word = []
  for token in doc:
    output_word.append(token.lemma_)


# Output
  st.write('入力した文章：', input_text)
  st.write(output_word)
```

●原型抽出プログラム

```
4_WordAnalysis_app.py ×                           •••
1  import streamlit as st
2  import spacy
3
4  nlp = spacy.load('ja_ginza')
5
6  # Input
7  input_text = st.text_input('文章入力')
8
9  # Process
10 if st.button('実行'):
11   doc = nlp(input_text)
12   output_word = []
13   for token in doc:
14     output_word.append(token.lemma_)
15
16 # Output
17   st.write('入力した文章：', input_text)
18   st.write(output_word)
19
```

　たった、1か所 token.lemma_ に変更するだけで原型が抽出できます。非常に簡単ですね。

　では、実行してみましょう。今回は、「友達の家に行ってから温泉に行く予定だ」という文章にしてみます。

● 原型抽出プログラムの実行結果

```
文章入力
友達の家に行ってから温泉に行く予定だ

[ 実行 ]

入力した文章：友達の家に行ってから温泉に行く予定だ

▼ [
    0 : "友達"
    1 : "の"
    2 : "家"
    3 : "に"
    4 : "行く"
    5 : "て"
    6 : "から"
    7 : "温泉"
    8 : "に"
    9 : "行く"
   10 : "予定"
   11 : "だ"
  ]
```

　「行っ」が「行く」になっているのが分かりますね。これで、原型を抽出できるようになりました。では、続いて品詞を絞り込めるようにしましょう。せっかくなので、セレクトボックスをサイドバーとして追加して、絞り込む品詞を複数選択できるようにしてみましょう。今回は、「名詞」「代名詞」「固有名詞」「動詞」のみを選択できるようにしていきます。

```
01: import streamlit as st
02: import spacy
03:
04: nlp = spacy.load('ja_ginza')
05: pos_dic = {'名詞':'NOUN', '代名詞':'PRON',
06:            '固有名詞':'PROPN','動詞':'VERB'}
07:
08: # Input
09: input_text = st.text_input('文章入力')
10: select_pos = st.sidebar.multiselect('品詞選択',
```

```
11:                     ['名詞','代名詞','固有名詞','動詞'],
12:                     ['名詞'])
13:
14: # Process
15: if st.button('実行'):
16:     doc = nlp(input_text)
17:     output_word = []
18:     tg_pos = [pos_dic[x] for x in select_pos]
19:     for token in doc:
20:         if token.pos_ in tg_pos:
21:             output_word.append(token.lemma_)
22:
23: # Output
24:     st.write('入力した文章：', input_text)
25:     st.write(output_word)
```

●品詞選択機能のプログラム

```
4_WordAnalysis_app.py ×                              •••
 1 import streamlit as st
 2 import spacy
 3
 4 nlp = spacy.load('ja_ginza')
 5 pos_dic = {'名詞':'NOUN', '代名詞':'PRON',
 6            '固有名詞':'PROPN','動詞':'VERB'}
 7
 8 # Input
 9 input_text = st.text_input('文章入力')
10 select_pos = st.sidebar.multiselect('品詞選択',
11                     ['名詞','代名詞','固有名詞','動詞'],
12                     ['名詞'])
13
14 # Process
15 if st.button('実行'):
16     doc = nlp(input_text)
17     output_word = []
18     tg_pos = [pos_dic[x] for x in select_pos]
19     for token in doc:
20         if token.pos_ in tg_pos:
21             output_word.append(token.lemma_)
22
23 # Output
24     st.write('入力した文章：', input_text)
25     st.write(output_word)
```

まずは、5行目で辞書型の変数を定義しています。GiNZAでは、名詞はNOUNなどの形で抽出可能なのですが、それをセレクトボックスの名前で使用してしまうと、分かりにくいため、表示用の単語と抽出用の単語が、名詞であればNOUNのように紐づけられるようにするためのものです。10から12行目がセレクトボックスの設定です。「品詞選択」というラベルを付けて、「名詞」「代名詞」「固有名詞」「動詞」を選択できるようにして、初期では「名詞」を選択しています。18行目で抽出する英語名に変換しています。名詞であればNOUNがtg_posに入ってきます。その後、tg_posに入っている品詞が含まれている場合のみoutput_wordに追加しています（20、21行目）。では結果を見ていきましょう。

まずは、「私は静岡の友達の家に行ってから温泉に行く予定だ」という文章に対して、「名詞」のみ抽出してみましょう。

▼品詞選択機能のプログラムの実行結果①

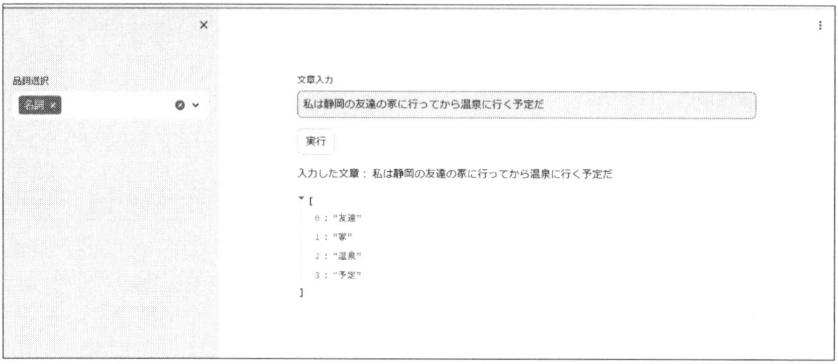

「友達」「家」「温泉」「予定」が名詞として抽出できています。では、続いて、代名詞と固有名詞を追加してみましょう。実行ボタンをクリックするのを忘れずにしましょう。

●品詞選択機能のプログラムの実行結果②

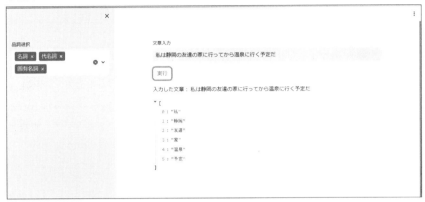

　固有名詞の「静岡」や代名詞の「私」が追加されていますね。ではさらに動詞も追加してみましょう。

●品詞選択機能のプログラムの実行結果③

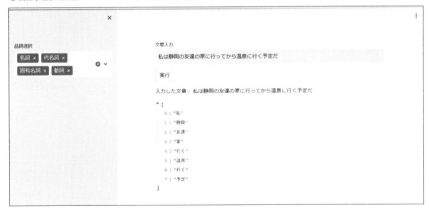

　「行く」という単語が2回出てきます。これは、「行ってから」と「行く予定」の2つの「行く」があるからです。これで、品詞による絞り込みが終わりました。なんとなく面白いのですが、ここまでだとデータとして活用できているとは言えません。そこで、アンケート分析を想定して、CSVファイルの中に書かれているテキスト

データを読み込んでどんな単語が含まれているかを可視化していくようにアプリを拡張しましょう。

CSVに書かれている文章の中身を可視化するアプリに拡張しよう

それでは、CSVファイルの中に含まれているデータの中身を可視化していきます。今回使用するデータは著者の書籍である「Python 実践データ分析100本ノック」の10章で扱った「survey.csv」データを使用していきます。ここで扱うデータには、アンケートの取得日、コメント、満足度（5段階評価）の結果が入っています。その中でコメントのみを使用します。

◎使用するデータ

	A	B	C	D
1	datetime	comment	satisfaction	
2	2019/3/11	駅前に若者が集まっている(AA駅)	1	
3	2019/2/25	スポーツできる場所があるのが良い	5	
4	2019/2/18	子育て支援が嬉しい	5	
5	2019/4/9	保育園に入れる（待機児童なし）	4	
6	2019/1/6	駅前商店街が寂しい	2	
7	2019/1/12	生活は便利だけど遊ぶ場所がない	3	
8	2019/2/2	遊ぶ場所がない	2	
9	2019/4/6	商業施設が出来て欲しい	3	
10	2019/4/17	病院が充実している	4	
11	2019/3/7	サイクリングコースが良い	5	
12	2019/2/15	お祭りをもっと盛り上げて欲しい	2	
13	2019/2/17	小学校が綺麗で嬉しい	4	
14	2019/3/6	公園がもっと欲しい	2	
15	2019/1/9	近くに公園があって住みやすい	4	

では、早速、InputとしてCSVを読み込んで、データを表示できるように拡張しましょう。やることは、file_uploaderを用いてCSVを読み込んで、それをpandasというデータ分析などで使用するライブラリで読み込みます。その後、すべてのコメント欄を取得し、これまで通り結果を出力します。併せて読み込んだ表形式データも表示させます。

```
01: import streamlit as st
02: import spacy
03: import pandas as pd
04:
05: nlp = spacy.load('ja_ginza')
06: pos_dic = {'名詞':'NOUN', '代名詞':'PRON',
07:            '固有名詞':'PROPN','動詞':'VERB'}
08:
09: # Input
10: uploaded_file = st.file_uploader("CSVを選択", type='csv')
11: select_pos = st.sidebar.multiselect('品詞選択',
12:                  ['名詞','代名詞','固有名詞','動詞'],
13:                  ['名詞'])
14:
15: # Process
16: if uploaded_file is not None:
17:     data = pd.read_csv(uploaded_file)
18:     data = data.dropna()
19:     input_text = data['comment']
20:     input_text = ' '.join(input_text)
21:     if st.button('実行'):
22:       doc = nlp(input_text)
23:       output_word = []
24:       tg_pos = [pos_dic[x] for x in select_pos]
25:       for token in doc:
26:         if token.pos_ in tg_pos:
27:           output_word.append(token.lemma_)
28:
29: # Output
30:     st.dataframe(data)
31:     st.write(output_word)
```

●CSVファイルの読み込み機能のプログラム

```
4_WordAnalysis_app.py ×

1  import streamlit as st
2  import spacy
3  import pandas as pd
4
5  nlp = spacy.load('ja_ginza')
6  pos_dic = {'名詞':'NOUN', '代名詞':'PRON',
7            '固有名詞':'PROPN','動詞':'VERB'}
8
9  # Input
10 uploaded_file = st.file_uploader("CSVを選択", type='csv')
11 select_pos = st.sidebar.multiselect('品詞選択',
12           ['名詞','代名詞','固有名詞','動詞'],
13           ['名詞'])
14
15 # Process
16 if uploaded_file is not None:
17   data = pd.read_csv(uploaded_file)
18   data = data.dropna()
19   input_text = data['comment']
20   input_text = ' '.join(input_text)
21   if st.button('実行'):
22     doc = nlp(input_text)
23     output_word = []
24     tg_pos = [pos_dic[x] for x in select_pos]
25     for token in doc:
26       if token.pos_ in tg_pos:
27         output_word.append(token.lemma_)
28
29 # Output
30     st.dataframe(data)
31     st.write(output_word)
```

　修正点が多いですが、1つ1つ見ていきましょう。まずは、Pandasというライブラリをインポートしています。その後、10行目をfile_ uploaderに変更しています。これまでもfile_ uploaderは使用してきましたが、ここではcsvのみ受け付けるようにtypeで指定しています。upload_fileが存在していた場合は、read_csvでファイルを読み込んでいます。これはpandasの強みでもありますが、表形式のファイルをデータフレームという形で読み込むことができます。データ分析などをやったことがある方はなじみが深いプログラムになります。その後、18行目で欠損しているデータを除外した後に、19行目でcomment列だけを抽出して、各文章を空白区切りで1つのデータに変換しています。後で細かくGoogle Colaboratoryを用いて確認していくので、今はこのまま進みましょう。そこから

は、実行ボタンが押された場合の処理で、すべて同じです。ただし、「if uploaded_file is not None:」が加わったためインデントが一つ下がっていることだけ注意してください。

　では、実際にやってみましょう。今回は、「4章」「data」にある「survey.csv」のデータを読み込みます。また、画像の時と同様ですが、Google Driveではなく自分の手元にあるファイルを指定するのに注意してください。

⬤CSVファイルの読み込み機能のプログラムの実行結果

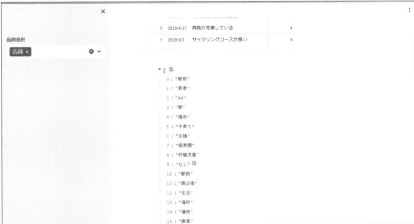

　読み込んで、実行した結果、上部に読み込んだデータを表示しています。下の方にいくと、分割された単語が100個ずつ開けるようになっているので、開いてみると分割された単語が表示されます。これで、CSVから単語分割までが実行できましたが、これだとこのアンケートの特徴はわかりませんね。そこで、単語を数えて出現数上位の10単語をグラフで表示してみましょう。では、やっていきます。

```
01: import streamlit as st
02: import spacy
03: import pandas as pd
04:
05: nlp = spacy.load('ja_ginza')
06: pos_dic = {'名詞':'NOUN', '代名詞':'PRON',
07:            '固有名詞':'PROPN','動詞':'VERB'}
08:
09: # Input
10: uploaded_file = st.file_uploader("CSVを選択", type='csv')
11: select_pos = st.sidebar.multiselect('品詞選択',
12:                  ['名詞','代名詞','固有名詞','動詞'],
13:                  ['名詞'])
14:
15: # Process
16: if uploaded_file is not None:
17:     data = pd.read_csv(uploaded_file)
18:     data = data.dropna()
19:     input_text = data['comment']
20:     input_text = ' '.join(input_text)
21:     if st.button('実行'):
22:         doc = nlp(input_text)
23:         output_word = []
24:         tg_pos = [pos_dic[x] for x in select_pos]
25:         for token in doc:
26:             if token.pos_ in tg_pos:
27:                 output_word.append(token.lemma_)
28:         output_df = pd.DataFrame({'Word':output_word})
29:         output_df = output_df.groupby('Word',as_index=False).size()
```

```
30:        output_df.sort_values('size',ascending=False,inplace=True)
31:        output_df.set_index('Word', inplace=True)
32:
33: # Output
34:        st.dataframe(data)
35:        st.bar_chart(data=output_df.head(10))
```

● 上位単語のグラフ機能のプログラム

```
4_WordAnalysis_app.py  ×

 1 import streamlit as st
 2 import spacy
 3 import pandas as pd
 4
 5 nlp = spacy.load('ja_ginza')
 6 pos_dic = {'名詞':'NOUN', '代名詞':'PRON',
 7           '固有名詞':'PROPN','動詞':'VERB'}
 8
 9 # Input
10 uploaded_file = st.file_uploader("CSVを選択", type='csv')
11 select_pos = st.sidebar.multiselect('品詞選択',
12                 ['名詞','代名詞','固有名詞','動詞'],
13                 ['名詞'])
14
15 # Process
16 if uploaded_file is not None:
17     data = pd.read_csv(uploaded_file)
18     data = data.dropna()
19     input_text = data['comment']
20     input_text = ' '.join(input_text)
21     if st.button('実行'):
22         doc = nlp(input_text)
23         output_word = []
24         tg_pos = [pos_dic[x] for x in select_pos]
25         for token in doc:
26             if token.pos_ in tg_pos:
27                 output_word.append(token.lemma_)
28         output_df = pd.DataFrame({'Word':output_word})
29         output_df = output_df.groupby('Word',as_index=False).size()
30         output_df.sort_values('size',ascending=False,inplace=True)
31         output_df.set_index('Word', inplace=True)
32
33 # Output
34     st.dataframe(data)
35     st.bar_chart(output_df.head(10))
```

　主な変更点は、27行目から31行目です。output_dfという名前で分割した
データを格納し、groupbyで単語別に集計しています。集計するとsizeという列
名で集計されるので、sizeを降順にソートした上で、WordをIndexラベルとして
セットしています。後半で何が起きているかは1つずつ追っていきますので安心し
てください。最後に、35行目で上位10件の単語で棒グラフを作成しています。で
は実行してみましょう。今回もファイルは「survey.csv」を使用します。

●上位単語のグラフ機能のプログラムの実行結果

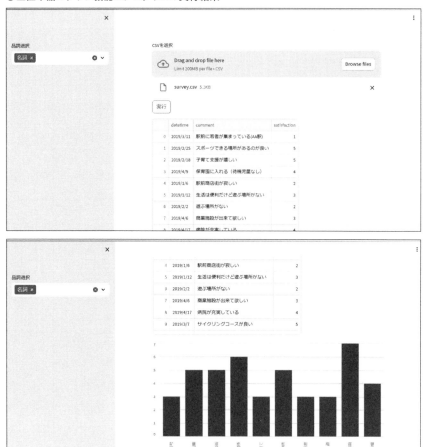

　実行すると、上部にはこれまでと同じようにデータの一覧が、下部にはグラフが表示されます。駅前や商店街、公園などの場所に関する言葉が多いようですね。この中では駅前という単語が一番多いので、駅前に関する意見が多いことが分かりますね。ここではやりませんが、動詞なども加えてみるとまた違ったグラフになるでしょう。

　ここまででほぼ完了なのですが、このままでは汎用性が低いです。その理由は、「comment」という列がないと使えないという点です。そこで、読み込んだCSVの列名を選択できるようにして終わりにしましょう。

```
01: import streamlit as st
02: import spacy
03: import pandas as pd
04:
05: nlp = spacy.load('ja_ginza')
06: pos_dic = {'名詞':'NOUN', '代名詞':'PRON',
07:            '固有名詞':'PROPN','動詞':'VERB'}
08:
09: # Input
10: uploaded_file = st.file_uploader("CSVを選択", type='csv')
11: select_pos = st.sidebar.multiselect('品詞選択',
12:                   ['名詞','代名詞','固有名詞','動詞'],
13:                   ['名詞'])
14:
15: # Process
16: if uploaded_file is not None:
17:     data = pd.read_csv(uploaded_file)
18:     tg_col = st.selectbox('対象列選択',data.columns)
19:     if tg_col is not None:
20:         data = data.dropna()
21:         input_text = data[tg_col]
22:         input_text = ' '.join(input_text)
23:         if st.button('実行'):
24:             doc = nlp(input_text)
25:             output_word = []
26:             tg_pos = [pos_dic[x] for x in select_pos]
```

```
27:         for token in doc:
28:             if token.pos_ in tg_pos:
29:                 output_word.append(token.lemma_)
30:         output_df = pd.DataFrame({'Word':output_word})
31:         output_df = output_df.groupby('Word',as_index=False).size()
32:         output_df.sort_values('size',ascending=False,inplace=True)
33:         output_df.set_index('Word', inplace=True)
34:
35: # Output
36:         st.dataframe(data)
37:         st.bar_chart(output_df.head(10))
```

○列選択機能のプログラム

```
4_WordAnalysis_app.py  ×                                      •••

 1 import streamlit as st
 2 import spacy
 3 import pandas as pd
 4
 5 nlp = spacy.load('ja_ginza')
 6 pos_dic = {'名詞':'NOUN', '代名詞':'PRON',
 7            '固有名詞':'PROPN','動詞':'VERB'}
 8
 9 # Input
10 uploaded_file = st.file_uploader("CSVを選択", type='csv')
11 select_pos = st.sidebar.multiselect('品詞選択',
12            ['名詞','代名詞','固有名詞','動詞'],
13            ['名詞'])
14
```

```
15 # Process
16 if uploaded_file is not None:
17    data = pd.read_csv(uploaded_file)
18    tg_col = st.selectbox('対象列選択', data.columns)
19    if tg_col is not None:
20      data = data.dropna()
21      input_text = data[tg_col]
22      input_text = ' '.join(input_text)
23      if st.button('実行'):
24        doc = nlp(input_text)
25        output_word = []
26        tg_pos = [pos_dic[x] for x in select_pos]
27        for token in doc:
28          if token.pos_ in tg_pos:
29            output_word.append(token.lemma_)
30        output_df = pd.DataFrame({'Word':output_word})
31        output_df = output_df.groupby('Word', as_index=False).size()
32        output_df.sort_values('size', ascending=False, inplace=True)
33        output_df.set_index('Word', inplace=True)
34
35 # Output
36        st.dataframe(data)
37        st.bar_chart(output_df.head(10))
```

　主な変更点は、17、18行目にセレクトボックスを追加して読み込んだデータの
列を選択できるようにしている点です。本来であればInput部分ですがデータ読
み込み後にしか実行できないので、Processの中に入れてあります。また、選択
した列名をtg_colとして定義して、21行目のカラム指定で使用しています。19行
目にif文が追加されたことで、20行目以降のインデントが下がっているので注意
してください。では、実行してみましょう。ファイルはこれまでと同じ「survey.
csv」で、対象列選択では、「comment」を選びましょう。

◎列選択機能のプログラムの実行結果

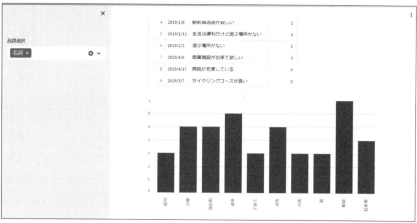

　これで、commentをもとに集計されています。なお、他の列も選択可能です
が、そもそも文字列ではない場合もあるので、その場合はエラーが発生します。
そういった例外の処理も本来であればする必要がありますが、今回はここまでで
としておきます。

　これで、表形式に整ったデータであれば自分のデータでも使用できるように
なったので、自分で適当に作成したりして試してみると良いでしょう。

　さて、これでアプリ作成は終了です。いかがでしょうか。3章までの画像系AI
とは異なり、言語系AIを用いてきました。ここでは、形態素解析だけでしたが、

単語を分割するだけでもいろんな可能性は広がっていくのが実感できたのではないでしょうか。また、単語分割も、1章や2章と同じく、AIがやっているのはあくまでも単語を分割しているにすぎず、その分割した結果をどう活用するのかは人が考える必要があります。今回は、出てきた数を集計して、簡単な棒グラフとして活用しましたが、例えば、「駅前」と「良い」が一緒に出ているなどのように共起単語を調べるなど様々な使い方が考えられます。奥が深いのでキリがないのですが、単語の分割だけでも様々なアプリのアイデアが浮かんでくるようになっていると嬉しい限りです。では、後半は中身を簡単に見ていきましょう。

Section 4-2 形態素解析を紐解こう

さて、後半では、形態素解析、つまり単語分割する部分を簡単に紐解いていきます。これまでと同様に、AIの詳細の処理には踏み込まずにどんなデータを入力として、どんな出力をするのかを中心に見ていきます。では早速進めていきます。

形態素解析をやってみよう

では、これまでと同じようにGoogle Colaboratoryを活用して1つずつセルを実行しながら、動かしていきましょう。まずは準備からになります。ライブラリのインストールとGoogleDriveとの接続です。

```
!pip install -U ginza ja-ginza

# Google Driveと接続を行います。これを行うことで、Driveにあるデータにアクセスできるようになります。
# 下記セルを実行すると、Googleアカウントのログインを求められますのでログインしてください。
from google.colab import drive
drive.mount('/content/drive')
```

```
# 作業フォルダへの移動を行います。
# もしアップロードした場所が異なる場合は作業場所を変更してください。
import os
os.chdir('/content/drive/MyDrive/ai_app_dev/4章') #ここを変更
```

❏GoogleDriveへの接続

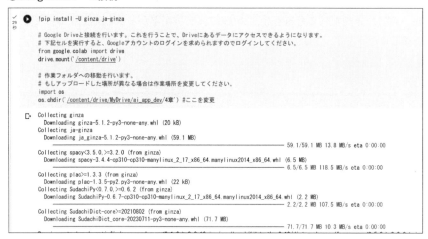

これまでやってきたのと同じです。今回は、GiNZAのインストールが必要なので、先頭でインストールしています。Google Driveへの接続はアカウントにログインして、許可をクリックしてください。これで、Google Driveのデータにアクセスできるようになりました。

では、続いて早速、形態素解析をしてみましょう。

```
import spacy

text = '私は6月17日に友達の家に行ってから温泉に行く予定だ'

nlp = spacy.load('ja_ginza')

doc = nlp(text)
for token in doc:
  print(token)
```

● 形態素解析の実行

```
import spacy

text = '私は6月17日に友達の家に行ってから温泉に行く予定だ'

nlp = spacy.load('ja_ginza')

doc = nlp(text)
for token in doc:
  print(token)
```

```
私
は
6
月
17
日
に
友達
の
家
に
行っ
て
から
温泉
に
行く
予定
だ
```

　アプリ編で最初にやったのと同じです。nlp()で形態素解析自体は終了し、その結果をfor文で1つずつ取り出しています。単純に出力すれば、形態素解析で単語を分割した結果を出力できます。では続いて、形態素解析で取得できるものをいろいろと出力してみましょう。アプリ編では、token.lemma_などで原型を取り出したりしましたね。

```
for token in doc:
  print(token.text, token.lemma_, token.pos_, token.tag_)
```

● 形態素解析による様々な情報抽出

```
for token in doc:
    print(token.text, token.lemma_, token.pos_, token.tag_)
```

```
私 私 PRON 代名詞
は は ADP 助詞-係助詞
6 6 NUM 名詞-数詞
月 月 NOUN 名詞-普通名詞-助数詞可能
17 17 NUM 名詞-数詞
日 日 NOUN 接尾辞-名詞的-助数詞
に に ADP 助詞-格助詞
友達 友達 NOUN 名詞-普通名詞-一般
の の ADP 助詞-格助詞
家 家 NOUN 名詞-普通名詞-一般
に に ADP 助詞-格助詞
行っ 行く VERB 動詞-非自立可能
て て SCONJ 助詞-接続助詞
から から ADP 助詞-格助詞
温泉 温泉 NOUN 名詞-普通名詞-一般
に に ADP 助詞-格助詞
行く 行く VERB 動詞-非自立可能
予定 予定 NOUN 名詞-普通名詞-サ変可能
だ だ AUX 助動詞
```

　見てお分かりのように、token.で様々な情報を取得可能です。アプリ編では、この中でtoken.pos_を使用しNOUNなどの情報から品詞で絞り込んで単語を取得したり、token.lemma_で原型を取得していましたね。

　これ以外にも、その単語がどこにかかっているのかの係り受けや「人名」や「日付」などの固有表現を抽出することも可能です。では、せっかくなので少し脱線して係り受けや固有表現を見ていきましょう。

係り受け/固有表現抽出をやってみよう

　では、ここからはアプリ編では使用しなかったのですが、係り受けや固有表現を見ていきます。まずは、係り受けからやっていきます。

```
from spacy import displacy
display.render(doc, style='dep', jupyter=True, options={'distance':60})
```

◉係り受け

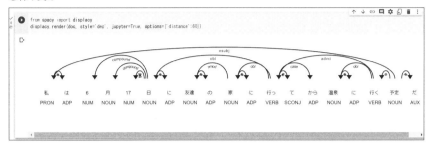

　spacyには、便利な描画機能がついていて、簡単に係り受けを可視化できます。これで、どの単語がどこにかかっているのかを把握できます。さらに、単語レベルではなく、文節レベルでの係り受けも確認できます。やってみましょう。

```python
import ginza
for span in ginza.bunsetu_spans(doc):
  for token in span.lefts:
    print(ginza.bunsetu_span(token), span)
```

◉文節の係り受け

　文節は、ginza.bunsetu_spansで分割可能で、これも1つずつ取り出していきます。「友達の」から「家に」のような形で、文節レベルでの係り受けが把握可能です。
　では、最後に固有表現の抽出をやってみましょう。こちらも便利な可視化が用意されているので簡単に実行できます。少しテキストも変えてやってみます。

```
text = '私は6月17日に静岡にある山田の家に行く予定だ'
doc = nlp(text)
displacy.render(doc, style="ent", jupyter=True)
```

●固有表現の可視化

```
[27]  text = '私は6月17日に静岡にある山田の家に行く予定だ'
      doc = nlp(text)
      displacy.render(doc, style="ent", jupyter=True)
```

私は 6月17日 Date に 静岡 Province にある 山田 Person の家に行く予定だ

　単純に、styleをentに変更すれば固有表現を可視化できます。ちなみに、固有表現を抽出したい場合、token.ent_type_で抽出可能です。復習も兼ねてやってみましょう。

```
for token in doc:
    print(token.text, token.ent_type_)
```

●固有表現の抽出

```
[31]  for token in doc:
          print(token.text, token.ent_type_)

      私
      は
      6 Date
      月 Date
      17 Date
      日 Date
      に
      静岡 Province
      に
      ある
      山田 Person
      の
      家
      に
      行く
      予定
      だ
```

　いかがでしょうか。簡単に固有表現が抽出できますね。人名や県（州）などの情報を予測できるのは非常に便利です。例えば、文章の特徴を掴むのに日付の情報はいらないのであれば、Dateの固有表現を持っているものは省くのも1つです。逆に、旅行の予約アプリなどの場合は、Dateの固有表現には重要な意味を持ちますね。このように用途に応じて使い方は異なってきます。

形態素解析をつかいこなそう

　では、本論に戻って、アプリ編で使用した処理を見ていきます。ここでは、大きく2つを見ていきます。1つ目は、品詞を限定して抽出しているところ、2つ目はpandasの操作です。まずは品詞によって取得する単語を変える部分を見ていきます。すでに、token.pos_で品詞が取得可能なのは確認していますね。

　では、まずはアプリ編でもやったプログラムを実行してみましょう。

```
input_text = '私は6月17日に静岡にある山田の家に行く予定だ'

pos_dic = {'名詞':'NOUN', '代名詞':'PRON',
           '固有名詞':'PROPN','動詞':'VERB'}
select_pos = ['名詞']

doc = nlp(input_text)
output_word = []
tg_pos = [pos_dic[x] for x in select_pos]
for token in doc:
  if token.pos_ in tg_pos:
    output_word.append(token.lemma_)
print(output_word)
```

●品詞による絞り込み

```
[36] input_text = '私は6月17日に静岡にある山田の家に行く予定だ'

     pos_dic = {'名詞':'NOUN', '代名詞':'PRON',
                '固有名詞':'PROPN','動詞':'VERB'}
     select_pos = ['名詞']

     doc = nlp(input_text)
     output_word = []
     tg_pos = [pos_dic[x] for x in select_pos]
     for token in doc:
       if token.pos_ in tg_pos:
         output_word.append(token.lemma_)
     print(output_word)

     ['月', '日', '家', '予定']
```

　アプリで作成したものをなるべくそのまま実行しています。アプリではselect_posをセレクトボックスから選択していました。ここでは、名詞のみに絞り込んでいます。tg_pos = [pos_dic[x] for x in select_pos]で、品詞を取得可能な形

205

に変換しています。「名詞」であれば「NOUN」に変換しています。tg_posを確認してみましょう。

```
tg_pos
```

◉変換した品詞

```
[37]  tg_pos
      ['NOUN']
```

　名詞で指定したものがNOUNに変わっているのが分かりますね。これで、品詞で絞り込む準備が整い、if token.pos_ in tg_pos:で、複数の品詞が含まれていても対応できるようにしています。少しアプリ編でやっている処理のイメージが湧きましたか。

　では、続いてpandasの操作を学びながら、形態素解析を進めていきます。まずは、データを読み込みます。

```
import pandas as pd


data = pd.read_csv('data/survey.csv')
print(len(data))
data.head()
```

◉データの読み込み

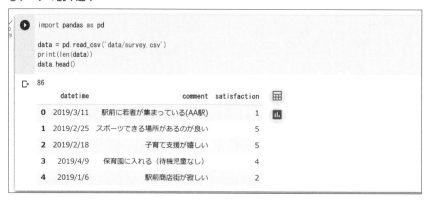

先頭でpandasライブラリをインポートして、read_csvで表形式データを読み込んでいます。データ件数はlen(data)で確認したところを86件で、先頭5行を表示しています。表示結果を見てわかるように、pandasは表形式のままデータを扱えるため、データ分析や機械学習などの現場では必須のライブラリです。その後、アプリでは欠損値を除外しています。アンケートなどの場合は、欠損値なども含まれていることが多く、欠損している場合はエラーが起きるので必ず処理は必要です。

```
data = data.dropna()
print(len(data))
```

◎欠損値処理

```
[42]  data = data.dropna()
      print(len(data))

      84
```

欠損値処理は、dropnaで簡単に実行できます。データ件数が84件に減っていることから実際に2件が欠損していることが分かりますね。では、続いて、形態素解析をかける対象の列に絞り込みを行います。列名を指定することで簡単に指定の列情報を抽出できます。

```
input_text = data['comment']
print(input_text)
```

◎対象列に絞り込み

```
[44]  input_text = data['comment']
      print(input_text)

      0              駅前に若者が集まっている(AA駅)
      1            スポーツできる場所があるのが良い
      2                子育て支援が嬉しい
      3            保育園に入れる（待機児童なし）
      4               駅前商店街が寂しい
                     ...
      81           小学校の校庭が芝生なのでとても良い
      82    ホームページからアンケートを投稿できるようにしてほしい
      83            公園に遊び道具が少なすぎる
      84             もっと公園を増やしてほしい
      85            駅前に駐車場が少ない、不便
      Name: comment, Length: 84, dtype: object
```

これで、対象列のデータが、配列データのように扱うことができます。このデータを空白区切りで1つの長いテキストデータとして繋げます。

```
input_text = ' '.join(input_text)
print(input_text)
```

●1つのテキストに結合

```
[45] input_text = ' '.join(input_text)
     print(input_text)

    駅前に若者が集まっている（AA駅） スポーツできる場所があるのが良い 子育て支援が嬉しい 保育園に入れる（待機児童なし） 駅前商店街が寂しい 生活は便利だけど遊ぶ場所がない
```

いかがでしょうか。配列の結合は、joinを使用すれば可能です。結合の際に使用する文字列は空白なので、「''」の間に空白が存在します。これで、各行ごとに分かれていたデータが1つのテキストデータになりました。ここまでくればこれまでやっていたのと同じように、形態素解析を実行可能ですね。やってみましょう。

```
pos_dic = {'名詞':'NOUN', '代名詞':'PRON',
            '固有名詞':'PROPN','動詞':'VERB'}
select_pos = ['名詞']


doc = nlp(input_text)
output_word = []
tg_pos = [pos_dic[x] for x in select_pos]
for token in doc:
  if token.pos_ in tg_pos:
    output_word.append(token.lemma_)
print(output_word)
```

●形態素解析の実行

```
[47] pos_dic = {'名詞':'NOUN', '代名詞':'PRON',
              '固有名詞':'PROPN','動詞':'VERB'}
     select_pos = ['名詞']

     doc = nlp(input_text)
     output_word = []
     tg_pos = [pos_dic[x] for x in select_pos]
     for token in doc:
       if token.pos_ in tg_pos:
         output_word.append(token.lemma_)
     print(output_word)

    ['駅前', '若者', 'AA', '駅', '場所', '子育て', '支援', '保育園', '待機児童', 'なし', '駅前', '商店街', '生活', '場所', '場所', '商業', '施設', '病院', 'サイクリング'
```

　ここは、これまでやってきた部分なので大丈夫ですね。ここでは、名詞のみに指定して抽出しています。では、最後に集計部分です。

```
output_df = pd.DataFrame({'Word':output_word})
display(output_df.head())


output_df = output_df.groupby('Word',as_index=False).size()
display(output_df.head())
```

●単語数の集計

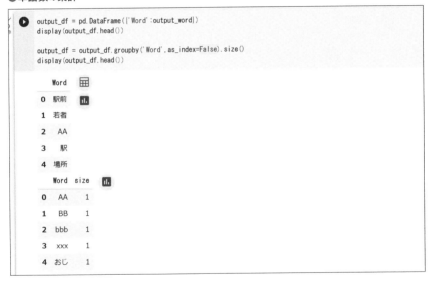

　まずは、output_wordという配列をデータフレームとして定義しています。この時点ではまだ集計していませんが、次のgroupbyでsize、つまり単語ごとの数を集計しています。例えば、AAという単語は1回出現しているということです。では、出現回数が多い順に並べ替えていきます。

```
output_df.sort_values('size',ascending=False,inplace=True)
display(output_df.head())


output_df.set_index('Word', inplace=True)
```

```
display(output_df.head())
```

▼ソートと整形

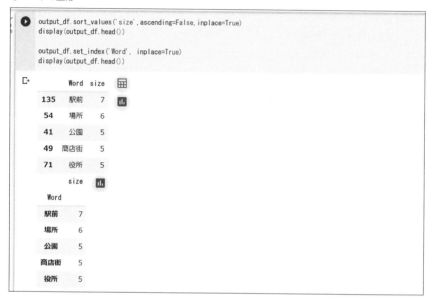

並べ替えを行うと、駅前が7回で最も多いのが分かりますね。最後にindexとしてWordを指定しています。indexは指定しないと連番が付与されます。実際に、表形式の左端を見ると並び替え前は0から順番に番号が振られておりましたが、並べ替えによって135、54のように順番がでたらめになっています。indexには数字以外も指定可能ですので、ここではWordを指定しています。アプリ編ではこの後に可視化を実施しています。

これで、アプリ編での処理を1つずつ見ることができました。streamlitで使用しているpyファイルは処理の流れが掴みにくいですが、Google Colaboratoryであれば1つずつセルを実行できるので、処理の流れを都度確認できます。もし気になる部分があったら是非確認してみてください。

これで、テキストを単語に分割するAIを活用した4章は終了です。お疲れ様でした。1から3章までの画像系とは一転して、言語系を扱ってきました。単語を分割する技術である形態素解析は、少し古くからある技術である一方で、それだけ

でも使い方次第で様々なことに応用が可能です。本章で扱ったようにアンケート分析などで使用することが多いですが、例えば、自分が購入している書籍のタイトル一覧を作成すれば、自分の興味の領域が可視化できるかもしれません。

　ここで重要なのは、1章や2章でも述べたように、データレベルでAIの出力結果を把握し、どう活用するかを考えることです。あくまでも単語を分割しているだけであり、単語を分割しただけではなんとなく面白いで終わってしまいがちです。しかし、単語の数を数えたり、一緒に出現している単語を可視化したりすることで、形態素解析技術を活用できたと言えるのではないでしょうか。

　続く5章でも、引き続き言語系を取り扱っていきます。

類似文章を検索するAIで
アプリを作ってみよう

4章から言語処理技術に入り、その中でも最も基本的である単語を分割する技術を用い
てアプリを作成してきました。単語を分割するだけではなく、分割した単語を集計するこ
とでアプリとしての意味が出てくることも理解できたのではないでしょう。それこそAIなど
の技術を活用するということです。

本章では、引き続き言語処理の技術を扱いますが、ここでは類似した文章を見つける技
術を使用していきます。実は、どこまでがAIなのかというのは難しいのですが、類似度は
cos類似度という立派な計算手法があり、それだけだとAIとは呼びません。しかし、cos
類似度を計算する前過程である文章の特徴を捉えた数字にする部分には、単語や文章の
使われ方から学習を行ったAIが使用されます。言語処理の場合、文章の特徴付けが重要
で、男と男性が近い意味を持つということを大量の文章データから学習する必要があるの
です。少し概念が難しいのですが、GiNZAなどを使用するとあまり悩まずに使うことがで
きるので簡単にやってみましょう。本章は、少し短めなので気分転換も兼ねて軽く進めて
いきましょう！

Section 5-1 類似文章を検索するアプリを作成しよう

それではアプリを作成していきます。4章と同じように基本的には、入力するのはテキスト情報になります。検索というとGoogleなどの検索ボックスをイメージするかと思います。本章では、まずはテキストボックスを2つ用意して、2つの文章の類似度を測定するアプリを作成したあとに、4章でも使用したsurveyデータの中から類似した文章を探すアプリを作成していきます。では、早速アプリを作成していきましょう。

2つの文章の類似度を測定するアプリを作成しよう

では、まずは　2つの文章の類似度を測定するアプリを作成していきます。インプットが2つのテキストボックスなので、まずは2つのテキストボックスを配置してみましょう。

まずはこれまでと同様に、streamlitを動かしてから、アプリを開発していきます。

Google Driveにアクセスして5章のフォルダに入っている「5_run_streamlit.ipynb」をダブルクリックして起動しましょう。

▼「5_run_streamlit.ipynb」の起動

```
!pip install streamlit
!pip install -U ginza ja-ginza
```

```
# Google Driveと接続を行います。これを行うことで、Driveにあるデータにアクセスできるようになります。
# 下記セルを実行すると、Googleアカウントのログインを求められますのでログインしてください。
from google.colab import drive
drive.mount('/content/drive')

# 作業フォルダへの移動を行います。
# もしアップロードした場所が異なる場合は作業場所を変更してください。
import os
os.chdir('/content/drive/MyDrive/ai_app_dev/5章')   #ここを変更

Mounted at /content/drive
```

```
# ファイルの表示
from google.colab import files
files.view("5_SimilaritySearch_app.py")
```

```
# Streamlitを動かす処理
!streamlit run 5_SimilaritySearch_app.py & sleep 3 && npx localtunnel --port 8501
```

　もうお馴染みの処理になっているかと思いますが、必要なライブラリをインストールして、Google Driveへの接続、3つ目でstreamlitのプログラムを書くファイルを表示して、最後にstreamlitを起動しています。

　それでは順番に実行していきましょう。

●セルの実行

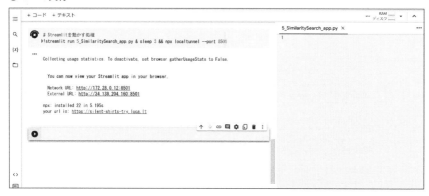

　表示されたURLにアクセスして、streamlitの画面を開きましょう。覚えていますか。まずは「your url is:」にあるURLをクリックします。続いて画面が表示されたら、「External URL :」に書いてあるアドレスを入力し、Click to Submitを押します。いつものように、白い画面が表示されます。

　では、テキストボックスを2つ配置していきましょう。

```python
import streamlit as st


col1, col2 = st.columns(2)


# Input
with col1:
    input_text1 = st.text_input('文章1')
with col2:
    input_text2 = st.text_input('文章2')


# Process


# Output
st.write(input_text1)
st.write(input_text2)
```

▼テキストボックス機能のプログラム

```python
5_SimilaritySearch_app.py  ×                          •••

1 import streamlit as st
2
3 col1, col2 = st.columns(2)
4
5 # Input
6 with col1:
7   input_text1 = st.text_input('文章1')
8 with col2:
9   input_text2 = st.text_input('文章2')
10
11 # Process
12
13 # Output
14 st.write(input_text1)
15 st.write(input_text2)
```

　4章とほぼ同じですね。違いはst.columnsを使用して、テキストボックスを2つ横並びにしている部分です。受け取った文字はst.writeで出力しています。では、動かしてみましょう。

▼テキストボックス機能のプログラムの実行結果

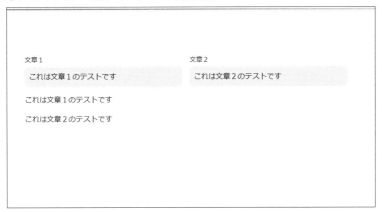

　テキストボックスが横並びに2つ表示されており、文章を入力すると文字が表示されます。いろいろ試してみてください。

　さて、続いてですが、形態素解析の時と同じように、文字を入力したら即時実行されるのではなく、ボタンなどを実行するようにしておきましょう。ボタンをきっかけにProcessが動くように変更するようにします。覚えていますか。

```
import streamlit as st

col1, col2 = st.columns(2)

# Input
with col1:
    input_text1 = st.text_input('文章1')
with col2:
    input_text2 = st.text_input('文章2')

# Process
if st.button('実行'):

# Output
    st.write(input_text1)
    st.write(input_text2)
```

🔽 ボタン機能のプログラム

```
5_SimilaritySearch_app.py ×                        •••
1 import streamlit as st
2
3 col1, col2 = st.columns(2)
4
5 # Input
6 with col1:
7     input_text1 = st.text_input('文章1')
8 with col2:
9     input_text2 = st.text_input('文章2')
10
11 # Process
12 if st.button('実行'):
13
14 # Output
15     st.write(input_text1)
16     st.write(input_text2)
```

　4章とまったく同じですね。Process部分に、if文を追加して、ボタンが押された時のみに処理が実行されます。Outputの中にあるst.writeはif文の中なのでインデントが1つ下がっているのに注意しましょう。

　では、試してみましょう。アプリ画面に移って、テキストボックスに文章を入れて、実行ボタンを押してみましょう。

◎ボタン機能のプログラムの実行結果

　これで、文字入力を変えただけでは、テキストは出力されずに、実行ボタンを押すと出力されます。ここまでは4章とほとんど同じでしたので、復習にもなりましたね。

　それでは、類似度の計算を入れてみます。

```
01: import streamlit as st
02: import spacy
03:
04: nlp = spacy.load('ja_ginza')
05: col1, col2 = st.columns(2)
```

```
06:
07: # Input
08: with col1:
09:     input_text1 = st.text_input('文章1')
10: with col2:
11:     input_text2 = st.text_input('文章2')
12:
13: # Process
14: if st.button('実行'):
15:     doc1 = nlp(input_text1)
16:     doc2 = nlp(input_text2)
17:     similarity = doc1.similarity(doc2)
18:
19: # Output
20:     st.write(f'類似度:{round(similarity, 2)}')
```

◎類似度計算プログラム

```
5_SimilaritySearch_app.py  ×                    •••

1 import streamlit as st
2 import spacy
3
4 nlp = spacy.load('ja_ginza')
5 col1, col2 = st.columns(2)
6
7 # Input
8 with col1:
9     input_text1 = st.text_input('文章1')
10 with col2:
11     input_text2 = st.text_input('文章2')
12
13 # Process
14 if st.button('実行'):
15     doc1 = nlp(input_text1)
16     doc2 = nlp(input_text2)
17     similarity = doc1.similarity(doc2)
18
19 # Output
20     st.write(f'類似度:{round(similarity, 2)}')
```

　2行目で必要なライブラリを読み込んでいます。4行目でGiNZAの日本語版モデルを読み込んでいます。ここまでは4章でやった時と同じですね。その後、Process内でそれぞれの文章をnlpで言語解析しています。4章ではここから情報を引き出しましたが、今回は類似度だけなので、17行目で類似度計算をしています。最後に、小数点2桁までに絞って出力しています。では試してみましょう。ここでは、「私は旅行に行きます」と「私は遊びに行きます」の2つの文章で類似度を計算しています。

▼ **類似度計算プログラムの実行結果①**

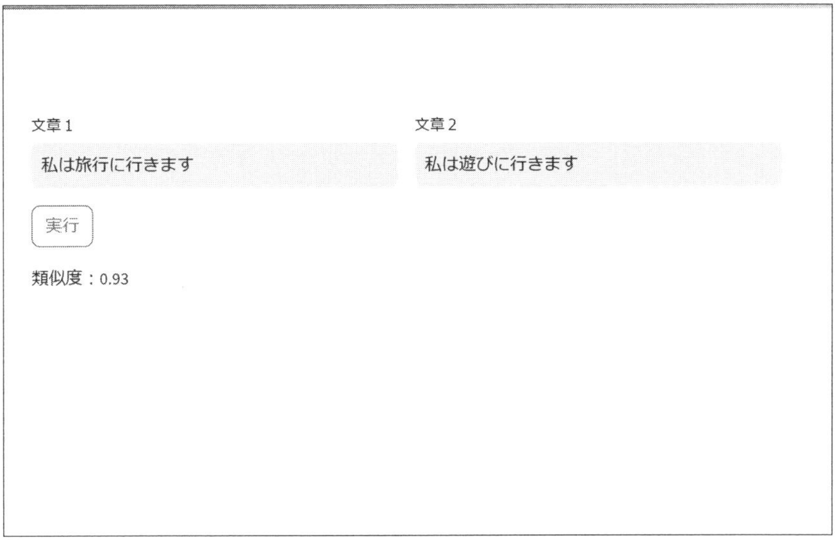

文章1

私は旅行に行きます

文章2

私は遊びに行きます

実行

類似度：0.93

　その結果、類似度は0.93と比較的高い値を示しました。1に近いほど類似度は高くなります・なんとなく似ている文章なので類似度が高くなるのも納得できます。では、文章2を「父は数学が得意である」に変更してみます。

🔵類似度計算プログラムの実行結果②

文章1

私は旅行に行きます

文章2

父は数学が得意である

実行

類似度：0.66

　先ほどよりも類似度が低く0.66となっています。私たち人間が考えても、先ほどの「私は遊びに行きます」よりも類似していないと思いますので何となく感覚的にはあっていそうです。いろいろと文章を変えて試してみると良いでしょう。精度の観点で微妙なものも出てくるかと思いますが、あまり大きく人間の感覚とは離れないと思います。

　これで、2つの文章の類似度を検索するアプリは作成できました。続いて、類似度を用いて検索アプリを作成してみましょう。

類似文章を検索するアプリに拡張しよう

　先ほどまでは2つの文章を入力することで、文章の類似度を算出しました。「似ているな」などの感覚を確認するのには良いのですが、類似度だけではアプリとは言えません。そこで、特定の文章群の中から近い文章を引っ張ってくるアプリに拡張してみましょう。ここでは、4章でも扱った「survey.csv」の各文章を検索するアプリにしてみます。もうお分かりかもしれませんが、Inputは検索ボックスから得る文章とsurveyの文章です。まずはInput機能だけ作成してみましょう。言語処理のライブラリインポートやモデル部分の読み込みなどはこの後も使用する

ので残しておきます。また、せっかくなので、いろんな文章に対応できるように、4
章と同じようにfile_uploaderを用いて検索の対象列を選択できるようにしてお
きましょう。

```
01: import streamlit as st
02: import spacy
03: import pandas as pd
04:
05: nlp = spacy.load('ja_ginza')
06:
07: # Input
08: input_text = st.text_input('検索')
09: uploaded_file = st.file_uploader("CSVを選択", type='csv')
10:
11: # Process
12: if uploaded_file is not None:
13:     tg_data = pd.read_csv(uploaded_file)
14:     tg_col = st.selectbox('対象列選択',tg_data.columns)
15:     if tg_col is not None:
16:       if st.button('実行'):
17:
18: # Output
19:         st.write(input_text)
20:         st.write(tg_col)
21:         st.dataframe(tg_data)
22:
```

◎インプット機能のプログラム

```
5_SimilaritySearch_app.py  ×                    •••

1  import streamlit as st
2  import spacy
3  import pandas as pd
4
5  nlp = spacy.load('ja_ginza')
6
7  # Input
8  input_text = st.text_input('検索')
9  uploaded_file = st.file_uploader("CSVを選択", type='csv')
10
11 # Process
12 if uploaded_file is not None:
13     tg_data = pd.read_csv(uploaded_file)
14     tg_col = st.selectbox('対象列選択', tg_data.columns)
15     if tg_col is not None:
16         if st.button('実行'):
17
18 # Output
19         st.write(input_text)
20         st.write(tg_col)
21         st.dataframe(tg_data)
22
```

　4章でもやりましたので大丈夫ですね。表形式データを扱うためにpandasをインポートして、InputのところでCSV形式を取り込めるように、file_uploaderにcsvを指定しています。その後、if文でファイルがアップロードされたらデータを読み込み、14行目で対象列を選択できるようにセレクトボックスを追加しています。ではやってみましょう。検索文章には「これはテストです」を、ファイル指定は「5章」「data」にある「surbey.csv」を選択します。対象列が出てきたらcommentを選択します。選択したら実行ボタンを押します。

● インプット機能のプログラムの実行結果

問題なく動作しましたか。検索文章、対象列、読み込んだsurvey.csvデータが出力されます。

では、続いて、類似度検索機能を追加してみましょう。検索文章とsurvey.csvのcomment列にある文章1つ1つを順番に類似度算出を行い、類似度の高い順にソートして出力していきます。少し長いですがまずは動かしてみましょう。

```
01: import streamlit as st
02: import spacy
03: import pandas as pd
04:
05: nlp = spacy.load('ja_ginza')
06:
07: # Input
```

```
08: input_text = st.text_input('検索')
09: uploaded_file = st.file_uploader("CSVを選択", type='csv')
10:
11: # Process
12: if uploaded_file is not None:
13:     tg_data = pd.read_csv(uploaded_file)
14:     tg_col = st.selectbox('対象列選択',tg_data.columns)
15:     if tg_col is not None:
16:         if st.button('実行'):
17:             tg_data = tg_data.dropna()
18:             tg_data.reset_index(drop=True, inplace=True)
19:             tg_data['similarity'] = 0
20:             doc1 = nlp(input_text)
21:             for i in range(len(tg_data)):
22:                 doc2 = nlp(tg_data[tg_col][i])
23:                 similarity = doc1.similarity(doc2)
24:                 tg_data['similarity'][i] = similarity
25:             tg_data.sort_values('similarity',ascending=False,inplace=True)
26:             tg_data.set_index(tg_col, inplace=True)
27:
28: # Output
29:             st.dataframe(tg_data[['similarity']])
```

◉類似度検索機能のプログラム

```
5_SimilaritySearch_app.py ×
1  import streamlit as st
2  import spacy
3  import pandas as pd
4
5  nlp = spacy.load('ja_ginza')
6
7  # Input
8  input_text = st.text_input('検索')
9  uploaded_file = st.file_uploader("CSVを選択", type='csv')
10
11 # Process
12 if uploaded_file is not None:
13     tg_data = pd.read_csv(uploaded_file)
14     tg_col = st.selectbox('対象列選択', tg_data.columns)
15     if tg_col is not None:
16         if st.button('実行'):
17             tg_data = tg_data.dropna()
18             tg_data.reset_index(drop=True, inplace=True)
19             tg_data['similarity'] = 0
20             doc1 = nlp(input_text)
21             for i in range(len(tg_data)):
22                 doc2 = nlp(tg_data[tg_col][i])
23                 similarity = doc1.similarity(doc2)
24                 tg_data['similarity'][i] = similarity
25             tg_data.sort_values('similarity', ascending=False, inplace=True)
26             tg_data.set_index(tg_col, inplace=True)
27
28 # Output
29             st.dataframe(tg_data[['similarity']])
```

　変更点は、ほぼProcessの内部ですね。17行目で欠損値を処理しているのは4章と共通する部分ですね。その後、欠損値によってIndexがバラバラになるので18行目で振り直しています。その後、20行目で検索文字の言語処理を実施したあとに、21行目からsurverデータを1行ずつ取り出していき、23行目で文章ごとに類似度を計算しています。その後、類似度を降順で並べ替えたあとに、出力しています。

　4章の後半（詳細編）をやった方はデータの流れが少しイメージしやすくなっているのではないでしょうか。では、実際にアプリをいじってみましょう。まずは、「公園」という文字で検索してみます。

●類似度検索機能のプログラムの実行結果①

検索結果が表示されますが、公園に関する文章が上位に来ていることが分かりますね。では、「公園で遊ぶ」に変更して実行してみましょう。

●類似度検索機能のプログラムの実行結果②

　基本的には、公園関連が上位に来るのですが、5番目に「遊ぶ場所がない」のように公園というワードがないものも上位に来ているのが分かります。いろいろと検索キーワードを変えて試してみてください。また、検索元となる文章（survey.csv）も、表形式であれば対応可能ですので、少し試してみると良いでしょう。ただし、今回は検索速度などは考慮していないので、あまり文章が大量になると時間がかかったりするので注意してください。

　さて、短いですが本章のアプリ作成はこれで終了です。4章に引き続き言語系AIに触れてきましたが、今回は単語の分割ではなく類似度を算出する技術を用いて検索アプリを作成してきました。類似度も、「文章の類似度0.90」などのような数字だけを表示してもあまり意味はなくて、類似度計算という技術を用いて検

索アプリにまで1歩進めるのが重要です。少し後半でも触れますが、検索以外にも重要な文節を抜き出したりすることも可能です。後半も挑戦して、ぜひアイデアの種を広げてみてください。

では、後半は中身を見ていきましょう。

Section 5-2 言語系AIによる文章の特徴量化と類似度計算を紐解こう

さて、後半では、言語系AIによる文章の特徴量化と類似度計算を紐解いていきます。いきなり変な言葉が出てきたと思われる方もいらっしゃると思いますが、本章の冒頭でも少し述べたように文章の特徴を捉えた数字にするのが言語処理では重要となり、それを特徴量化と呼びます。文章を特徴量化して数字として表せられたら類似度なども算出できるようになります。ということでまずは特徴量化を中心に見ていきましょう。他の章とは少し異なりIPOの理解というよりかは、AIの中身にも簡単に触れていく内容になっています。

単語集計で文章を特徴量化してみよう

では、これまでと同じようにGoogle Colaboratoryを活用して1つずつセルを実行しながら、動かしていきます。まずは準備からになります。ライブラリのインストールとGoogle Driveとの接続です。「5章」の「5_言語系AIによる文章の特徴量化と類似度計算の理解.ipynb」を開いてください。

```
!pip install -U ginza ja-ginza

# Google Driveと接続を行います。これを行うことで、Driveにあるデータにアクセスできるようになります。
# 下記セルを実行すると、Googleアカウントのログインを求められますのでログインしてください。
from google.colab import drive
drive.mount('/content/drive')
```

```
# 作業フォルダへの移動を行います。
# もしアップロードした場所が異なる場合は作業場所を変更してください。
import os
os.chdir('/content/drive/MyDrive/ai_app_dev/5章') #ここを変更
```

●GoogleDriveへの接続

　4章とほぼ同じです。今回は、GiNZAのインストールが必要なので、先頭でイ
ンストールしています。Google Driveへの接続はアカウントにログインして、許可
をクリックしてください。これで、Google Driveのデータにアクセスできるように
なりました。

　では、早速やっていくのですが、その前に少しだけ言語処理について考えてみ
ます。そもそもコンピューターは数字しか扱えないなか言語がどのような数字を
作るべきなのでしょうか。画像の場合は、RGBの0 ～ 255で扱えることは説明し
ましたが、言語では文章をどのような数字で表現するのかにテクニックが必要と
なり、自然言語処理の歴史は特徴量化と密接に関係しています。

● 文章をどう表現するのか

人間   **コンピュータ**

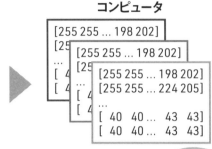

文書A:私は、よく公園に行って遊びます　　　　　$[0.3, 0.6, 0.4, 0.8 \cdots]$

文書B:私は、博物館に月に1回行きます　　　　　$[0.8, 0.6, 0.2, 0.4 \cdots]$　どうやって数字にする?

文書C:トイレの数が少ないです　　　　　　　　　$[0.2, 0.1, 0.9, 0.4 \cdots]$

　人間に場合を考えてみると、1つは文章の中にどんな単語が含まれているかで判断できますね。4章でも述べましたが、「野球」や「ホームラン」などの単語が含まれていたらそれはスポーツの記事であることが想像できます。そこで、最も簡単な文章の特徴量化は単語数を数えることです。イメージを持つためにも少しやってみましょう。ここでは、「survey.csv」を用いていきます。まずはデータの読み込みからです。

```
import pandas as pd
data = pd.read_csv("data/survey.csv")
print(len(data))
data.head()
```

● データの読み込み

```
[2]  import pandas as pd
     data = pd.read_csv("data/survey.csv")
     print(len(data))
     data.head()

     86
         datetime                   comment        satisfaction
     0   2019/3/11   駅前に若者が集まっている(AA駅)              1
     1   2019/2/25   スポーツできる場所があるのが良い              5
     2   2019/2/18           子育て支援が嬉しい              5
     3   2019/4/9    保育園に入れる（待機児童なし）              4
     4   2019/1/6          駅前商店街が寂しい              2
```

　これは4章でもやりましたね。表形式で読み込み可能なpandasを用いて、surveyデータを読み込んでいます。データは86件であることが確認できます。

　では、この各文章の特徴量化を行っていきます。単純に単語に分割して、その単語数を特徴にできれば文章を特徴量化できます。今回は、名詞のみを拾い上げて文章の特徴にしたいと思います。

　単語分割なので4章でやったことを上手く使いながらやっていきます。まずはその前に欠損値処理やモデル読み込みなどをやってしまいましょう。

```
import spacy

nlp = spacy.load('ja_ginza')
tg_pos = 'NOUN'

data = data.dropna()
data.reset_index(drop=True, inplace=True)
print(len(data))
```

●欠損値処理およびモデル読み込み

```
[5]  import spacy

     nlp = spacy.load('ja_ginza')
     tg_pos = 'NOUN'

     data = data.dropna()
     data.reset_index(drop=True, inplace=True)
     print(len(data))

     84
```

　これまでもやってきたので大丈夫ですね。欠損処理後の件数が84件になっているのが確認できます。では、いよいよ単語分割を行いながら文章の特徴量を作成してみましょう。少しコードが複雑ですが、まずは動かしてみましょう。

```
all_words_df = pd.DataFrame()
for i in range(len(data)):
  doc = nlp(data['comment'][i])
  word_arr = []
  for token in doc:
```

```
    if token.pos_ in tg_pos:
        word_arr.append(token.lemma_)
  words_df = pd.DataFrame({"words":word_arr, "count":len(word_arr)*[1]})
  words_df = words_df.groupby("words").sum().T
  words_df.reset_index(drop=True, inplace=True)
  words_df.index = [data['comment'][i]]
  all_words_df = pd.concat([all_words_df, words_df])
all_words_df = all_words_df.fillna(0)
all_words_df.head()
```

▼単語数による特徴量化

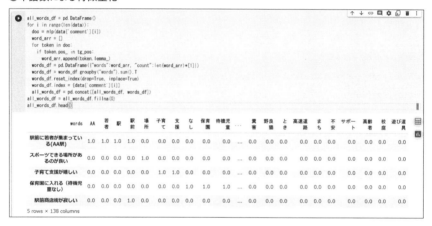

　プログラムは少し複雑なのですが、ポイントは「for i in range(len(data)):」で各文章を順番に処理しています。その処理は名詞の単語を抽出し、単語数を集計する作業を各文章でやっています。そうすると、例えば1行目の「駅前に若者が集まっている（AA駅）」であれば、「AA」や「若者」「駅」などが特徴を表している形になります。たくさんの単語が出てくるのでほとんど0という値が入っていますが、文章内に含まれている単語の場合には単語数が入っているので、これも立派な文章の特徴量化になります。少し文章の特徴量化のイメージが湧きましたか。

　今回の特徴量化では、ほとんどが0の値である**疎なベクトル**である点や、例えば旅行と旅は別の単語として扱われるという単語の関係性を考慮できていない課題があるため、特徴量化の手法もどんどんレベルアップしています。そこで次に、その1つである単語分散表現について学んでいきましょう。

単語分散表現による特徴量化を体験しよう

10年ほど前にword2vecという単語分散表現という手法が出てから一気にレベルアップが進み、その概念は当たり前のように最新のDeepLearningモデルにも取り入れられています。端的に言ってしまうと、文章データを学習データにして、単語の特徴量を得るという手法です。単語の使われ方が加味されるので、「旅行」や「旅」「遊び」などは近い単語として認識することができます。

spacyとGiNZAを使用すると簡単に単語分散表現を取得可能です。

まずは「男」という単語の単語分散表現を取得してみましょう。

```python
nlp = spacy.load('ja_ginza')
doc = nlp("男")
for token in doc:
  print(token)
  print(token.vector)
```

�

単語分散表現による単語の特徴量化

```
nlp = spacy.load('ja_ginza')
doc = nlp("男")
for token in doc:
  print(token)
  print(token.vector)

男
[ 0.15933658 -0.0601605   0.24383044 -0.22848123 -0.16004498  0.09069587
 -0.05276782 -0.16438423 -0.07487892 -0.02849463  0.19212672 -0.28361022
 -0.12933674  0.07361041  0.06852581 -0.11502243 -0.1906645  -0.0874429
 -0.03073838  0.13075289 -0.25983295 -0.0621451  -0.01141335  0.14354426
 -0.3612975  -0.0302887  -0.03045526 -0.21420372 -0.18271627  0.2238288
  0.12131057  0.1455816  -0.04027628  0.09775832 -0.01657178  0.13552241
 -0.2561508  -0.13380808  0.02541774 -0.1111074   0.03344875  0.3130034
 -0.11582399 -0.07680997  0.0101055  -0.25840396 -0.01797279 -0.0837252
 -0.02153593  0.16043833  0.0545024  -0.13318448  0.20580207  0.01426451
 -0.12973121  0.06106999  0.04306051  0.12404229 -0.06068777  0.13532683
 -0.06737218 -0.05633878 -0.0249875  -0.06449635  0.11541229 -0.02239965
 -0.11697876  0.04648037 -0.05727889  0.08222914 -0.13934301  0.06897237
  0.0649143   0.18646991  0.02686984 -0.0396568  -0.16417246  0.0704788
  0.09646127  0.09645716  0.11937089 -0.34765097 -0.19693872 -0.25121057
 -0.03568326  0.10041926 -0.17200632  0.04808938  0.07416955 -0.08616196
  0.15997116 -0.30133048 -0.19533725  0.01314896 -0.05131403  0.02817697
  0.28895262 -0.20442957  0.3339001  -0.08230166  0.10772096 -0.15908565
  0.14637427 -0.06414887 -0.07245503 -0.23959398 -0.13499677  0.04004047
  0.07256377  0.16045669  0.04942477 -0.15999852  0.2670351  -0.0760036
  0.15561731 -0.08114651  0.24537387  0.0849954   0.15383483  0.04773259
 -0.16602243 -0.05547534 -0.02772124  0.08708735  0.2346915  -0.20071614
  0.13548228 -0.00779148 -0.15392618  0.11193276  0.22259818  0.02089911
 -0.03880686 -0.24697846 -0.21701424 -0.13566452 -0.04312607  0.07033394
 -0.01444739  0.13195023 -0.19612452  0.01561677  0.03820822  0.2391896
  0.1355906  -0.02716746 -0.09886296  0.01420996  0.12559906  0.10429399
 -0.08039931  0.07968678  0.02144793  0.0971617   0.05297328 -0.10111091
```

　単語の特徴量（ベクトル）はtoken.vectorで取得可能です。数字が羅列されていますがあらかじめ大量の文章から学習した結果、300次元のベクトルとして表現されています。この数字を人間が解釈するのはなかなか難しいですね。では、「男」「男性」「遊び」の3つのベクトルを取得して、cos類似度を計算してみましょう。まずは3つのベクトルを取得する部分です。

```
doc1 = nlp("男")
for token in doc1:
  vec1 = token.vector

doc2 = nlp("男性")
for token in doc2:
  vec2 = token.vector

doc3 = nlp("遊び")
for token in doc3:
  vec3 = token.vector
```

❤ベクトルの取得

　単純にnlpで単語を指定してtoken.vectorで取得しています。ここで注意が必要なのは、単語ではなく文章を指定した場合、for文でベクトルを取得しているので、単語分割された結果の最後の単語のベクトルしか取得できないので、必ず単語を指定するようにしてください。文章のベクトル取得は後ほどやります。では、取得したベクトルをもとにcos類似度を計算します。

```
import numpy as np

sim12 = np.dot(vec1, vec2) / (np.linalg.norm(vec1) * np.linalg.norm(vec2))
sim13 = np.dot(vec1, vec3) / (np.linalg.norm(vec1) * np.linalg.norm(vec3))
print(sim12)
print(sim13)
```

● 類似度の計算

```
[28] import numpy as np

     sim12 = np.dot(vec1, vec2) / (np.linalg.norm(vec1) * np.linalg.norm(vec2))
     sim13 = np.dot(vec1, vec3) / (np.linalg.norm(vec1) * np.linalg.norm(vec3))
     print(sim12)
     print(sim13)

     0.6332923
     0.23904727
```

　類似度の計算はnumpyを用いて行っています。「男」と「男性」の類似度は0.633で、「男」と「遊び」の類似度は0.239となっており、「男」と「男性」が近い単語であることが分かります。もう少し類似度が高くなるかとも思いましたが、今回使用した学習済みモデルではこのような結果になっています。また、この類似度計算は、アプリ編でやったものと計算結果は一緒になります。

```
print(doc1.similarity(doc2))
print(doc1.similarity(doc3))
```

● ライブラリによる類似度の計算

```
[29] print(doc1.similarity(doc2))
     print(doc1.similarity(doc3))

     0.6332922811605247
     0.23904726112491734
```

　アプリ編と同じように、similarityで簡単に計算できます。計算結果は同じになることが分かりますね。これはつまり、アプリ編で使用した計算は、単語や文章を特徴量化してcos類似度を求めている処理なのです。少しイメージが湧きましたでしょうか。では、最後に文章のベクトルを取得してみましょう。文章ベクトルも簡単に取得できます。

```
doc = nlp("私は旅行に行きます")
print(doc.vector)
```

●単語分散表現による文章の特徴量化

```
doc = nlp("私は旅行に行きます")
print(doc.vector)

[-6.24577291e-02 -2.63049871e-01  1.09813795e-04 -2.29318127e-01
 -7.87388906e-02  1.17492191e-01 -1.52793273e-01 -8.33533928e-02
 -1.59250751e-01  3.85920447e-03  9.13133845e-02 -6.96304664e-02
  2.34625395e-02  6.76364526e-02 -9.28347185e-02 -2.63118207e-01
 -1.34960040e-01 -1.04109347e-01 -1.62048742e-01  1.08887255e-01
 -1.12728246e-01  1.60532147e-01  6.45211339e-02  9.62401256e-02
 -1.24947071e-01 -1.21119820e-01 -1.69587806e-01  5.30675352e-02
  2.69064400e-02  1.14622228e-01  7.19811395e-02 -3.07314470e-02
  6.08067103e-02  2.11805835e-01  1.96584407e-02  5.63849397e-02
 -9.86932516e-02  1.23430289e-01 -7.88782313e-02  6.73780665e-02
  2.62418613e-02  2.34157755e-03 -5.48435487e-02 -4.26859669e-02
 -1.08611465e-01 -3.17440964e-02  1.23132288e-01  3.49572301e-03
 -1.35607705e-01  5.39614260e-02  7.58203119e-02 -1.38307912e-02
 -1.31406682e-01  7.02086538e-02  9.00378600e-02 -1.28202185e-01
  2.29950398e-02  1.20312832e-01 -5.22284843e-02 -2.66706254e-02
  8.77813771e-02  7.73132965e-03  1.19761117e-02 -8.47621188e-02
  3.23535204e-02 -2.25481447e-02  1.13254726e-01  3.29300851e-01
  1.62872151e-01 -9.75427255e-02 -8.17098096e-03  1.32125661e-01
  3.12326308e-02  1.19524397e-01  6.47950917e-02 -3.75268459e-02
  2.34320313e-02  4.00460325e-02 -6.86095804e-02 -3.33237089e-02
 -6.02171607e-02 -2.20519647e-01  5.90873845e-02 -2.53195371e-02
  3.95621769e-02  4.68959063e-02  7.89630786e-02 -3.78076099e-02
  1.30275190e-01 -5.45880683e-02 -1.17307246e-01 -3.05520296e-02
 -8.10501948e-02  1.36862502e-01 -3.61363813e-02  6.58067539e-02
  1.32818580e-01 -5.16481102e-02 -2.21634526e-02  9.61729512e-02
  9.33452621e-02 -6.20053373e-02  1.27488956e-01 -7.30200037e-02
 -2.25668728e-01 -1.06171399e-01  2.23000363e-01  1.16217725e-01
  1.41068965e-01  7.09636509e-03  1.03713155e-01 -1.04281522e-01
 -2.58334968e-02 -1.07377373e-01  4.66362499e-02 -1.58914834e-01
```

文章の場合は、単純にdoc.vectorで取得可能です。こちらも300次元の数字に変換されています。数字に変換されていればcos類似度を取得可能なので、先ほどと同じようにやってみましょう。まずはベクトルの取得です。今回はアプリ編でやった3つの文章「私は旅行に行きます」「私は遊びに行きます」「父は数学が得意である」を試しみます。

```
doc1 = nlp("私は旅行に行きます")
vec1 = doc1.vector

doc2 = nlp("私は遊びに行きます")
vec2 = doc2.vector

doc3 = nlp("父は数学が得意である")
```

```
vec3 = doc3.vector
```

● 文書ベクトルの取得

```
[57]  doc1 = nlp("私は旅行に行きます")
      vec1 = doc1.vector

      doc2 = nlp("私は遊びに行きます")
      vec2 = doc2.vector

      doc3 = nlp("父は数学が得意である")
      vec3 = doc3.vector
```

先ほどと同じようにまずはベクトルの取得です。表示しても意味を理解できないので出力していません。ではベクトルが取得できたら類似度の計算です。

```
sim12 = np.dot(vec1, vec2) / (np.linalg.norm(vec1) * np.linalg.norm(vec2))
sim13 = np.dot(vec1, vec3) / (np.linalg.norm(vec1) * np.linalg.norm(vec3))
print(sim12)
print(sim13)
```

● 文章の類似度計算

```
[58]  sim12 = np.dot(vec1, vec2) / (np.linalg.norm(vec1) * np.linalg.norm(vec2))
      sim13 = np.dot(vec1, vec3) / (np.linalg.norm(vec1) * np.linalg.norm(vec3))
      print(sim12)
      print(sim13)

      0.9312169
      0.65789765
```

こちらは単語の時と同様です。この結果を見ると、アプリ編の結果と同じで、「私は旅行に行きます」と「私は遊びに行きます」が近い文章であることが分かり、これは私たちの感覚にも一致しますね。

これで、解説は終了です。ここでは、これまでの解説とは違い言語処理の中身を少し説明してきました。文章を数字に変換するという意味が少し理解できたのではないでしょうか。

言語処理の世界はまだまだ発展しており、この後の章で取り扱うChatGPTなどはまさにその最先端を進んでいる技術です。ただし、最先端の技術の中身を今回のように垣間見ることができると、多くのアプリアイデアに繋げられるのではないでしょうか。例えば、文章の中から重要な文節を抜き出すようなことも類似

度計算などで可能です。ぜひ、思考を広げて言語処理をさらに勉強してみてください。

　これで、類似文章を検索するAIを活用した5章は終了です。お疲れ様でした。少し短めの章でしたが、言語処理の中身を理解するという意味では少し頭がヒートアップしているかもしれませんね。しかし、言語処理の基本の基本を押さえたので、さらに理解を進めるために勉強する場合も役に立つと思います。分かりにくい部分は何度か確認しながら振り返っていくと良いでしょう。

　さて、ここまではオープンソースを使用してアプリを作成してきましたが、ここからはAPIを活用してきます。最近はChatGPTなどをよく耳にすることが増えてきましたが、そのChatGPTのAPIを活用して、手軽に最先端のAIを使っていきたいと思います。

コラム③：対談「子どもたちに向けて」

教員Mさん

子供がこの本で技術に興味を持てることが、まずは一番いいところかなと感じた。

自分の顔がアニメ化されるって、今だとアプリでできちゃうし、面白くて食いつきもいいけど、その裏でどんな処理があるのか知ると、もっと深まるよね。

エンジニアSさん

体験するって大事だよね。ちょっとやってみる（触れる）だけで動く、変わる、てのは、子供にとってすごく分かりやすくいいよね。昔だと図工とかがそうなのかな？

プログラミング学習って今だと論理性のためにやっている面もあるから、つまり正解がある前提で評価しないといけないのかなと。そういう面で考えるとクリエイティブを評価するのは教育では難しいよね。

教員Mさん

子どもが自慢したい1つに、親でも知らないことを知っているという動機はあると思うし、子どもにとっての優越感も教育としては大事になるよね。

エンジニアSさん

親子で学ぶもあるよね。

教員Mさん

この本の内容そのまま子供でもってのはそのままだと難しいけど、ある程度整えればできそうだよね。やったことないことに挑戦して、できた達成感ってすごく得られると思う。

エンジニアSさん

そういう意味では、子どもと一緒に学んで、大人も気づけるような本になっていると思うから、子供と一緒にやってみて欲しい。

教員Mさん

子ども向けプログラミングスクールも増えていて、まずはビジュアルプログラミングのようなとっつきやすいものがあるけど優しいものばかりじゃなくて、新しいツールからはいっちゃう方がいいんじゃないかなって感じている。何だこれ！っていう面白さから、自分なりの発見があって、また再挑戦してっていうことができるのではないか。やれることよりも、やりたいことを増やすような。

エンジニアSさん

社会人においてもそういう人材が必要とされていると思う。なんのためにこれやってるの？ってなることが多い。結局、自分で考える力、分からない正解がないものに向き合う力が重要だと思う。正解だけを求めすぎないようにしていきたいし、本書を通じて創る感覚を持ってもらえるのが一番嬉しい。

OpenAIのGPTを活用した
アプリを作ってみよう

これまでは、無料のオープンソースを活用してアプリを作成してきました。オープンソースで
も精度は悪くないのですが、企業が有料で提供しているAPIはさらに精度が高いことが多
いです。APIとはApplication Programming Interfaceの略で、機能の一部をプログラムか
ら呼び出すことで使用できます。例えば、OpenAIが提供しているAPIでは、GPT3.5や
GPT4などの大規模言語モデルを自分で作成したプログラムから呼び出して使用できます。
本書ではOpenAIのAPIを使用しますが、他にもMicrosoft社など様々な企業がAIを
APIという形で提供し、簡単にAIを使えるようになっています。有料と書きましたが、使っ
た分だけ料金が課金される従量課金モデルが多いのと少量であれば無料で使用できるこ
とが多いため、簡単に試してみることが可能となっています。

そこで6章では、OpenAIのAPIを活用しながら、GPTの特徴を感じていただくことを目
的とした非常にシンプルなアプリを作成していきます。APIであっても、これまでやった
IPOの考え方は同じです。むしろAPIの方がAIがやってくれることがより明確に設計され
ているとも言えます。OpenAIのGPTであれば指定の形式で質問を投げると、質問に応
じた回答を簡単に受け取ることができますので、後ほど試してみましょう。

まずはOpenAIのAPIを使用できるように整えてから、アプリを作成していきます。後半で
はこれまでと同じように、Google Colabを使用していろいろと理解を深めていきます。ま
た、GPTなどの生成系AIは使い方に注意が必要な部分もあるので、最初に基礎知識も
押さえておきましょう。なお、本書では解説しませんが、LangChainなどのライブラリを使
うことでより複雑なタスクをこなすことも可能です。もし興味を持ちましたらぜひ調べて
追加の実装など試していただければと思います。

> ⚠️ **注　意**
>
> 6章と7章ではOpenAIが提供するAPIを紹介しますが、外部サービスとして提供されているAPI
> はバージョンアップ等に伴う今後の仕様変更により、画面通りに動作しなくなる可能性がありま
> す。ただ、外部サービスや新しいサービスを知ること、使い方の基本を知ることに意味があると考
> えてご紹介しています。ご了承ください。
>
> なお、OpenAIのAPIはとてもシンプルなため、本書の内容をベースにしつつOpenAIが公開して
> いるAPIリファレンスを参照することで、比較的簡単にコードの見直しなどは可能だと考えていま
> す。最初は戸惑うかもしれませんが慣れると非常に便利です。ぜひ確認してみてください。

Section 6-1 GPTを活用したアプリを作成してみよう

GPTは入力した文章に対して、通常のチャットボットサービスのような対話応答だけでなく、使い方次第で、文章の要約や、英語から日本語などの翻訳、プログラムコードやメール文案の生成など、様々なタスクをこなすことができます。一方で、使用する際の注意点もあるので、最初に基本を押さえつつ進めていきます。基本知識を身につけたら、APIを使用する準備を整えて、アプリを作成していきます。今回は、簡単に3つのアプリを作成していきます。まずは、基本知識を押さえていきましょう。

GPTの基本知識を押さえよう

今回使用するOpenAI APIはOpenAI社が提供しているAPIです。OpenAI社は人工知能の研究・開発を事業とする2015年にサンフランシスコで設立された企業です。汎用人工知能（AGI）の実現を目指しており、2023年8月時点では**GPT3.5**や**GPT4**などの大規模言語モデルや、**DALL・E**という自然言語から画像を生成するモデル、**Whisper**という音声認識モデルなどを開発し、APIなどの形式で提供しています。

特に大規模言語モデルであるGPT3.5をベースに開発されたチャットボットサービス**ChatGPT**は人間のような自然な対話ができる点が大きな驚きを持って世の中に受け止められ、2022年11月のリリースから約2カ月で世界ユーザー数が1億人に達するなど、急速に世界中に普及しました。本章ではOpenAIが提供する代表的な大規模言語モデルであるGPT3.5を中心に進めていきますが、執筆時点（2023年8月時点）で最新のモデルであるGPT4の特徴についても併せて押さえておきましょう。

GPT3.5などの昨今の大規模言語モデルと呼ばれるAIは人間のような自然な対話が可能で入力した文章に対して従来の自然言語モデルよりも自然な文章を生成し出力してくれます。本書では深くは解説しませんが、これはTransformerという深層学習モデルの活用や、モデルサイズ（パラメータ数）の増加、人間の

フィードバックによる強化学習の適用などの工夫により実現されています。

　特にモデルサイズ（パラメータ数）については GPT2 が数億〜数十億なのに対して、GPT3 は約 1750 億と大幅に増加しています。ChatGPT は前述のようにリリース後に大きなインパクトを世の中に与えましたが、このモデルサイズを増加が性能向上の大きな要因の一つになっています。

　また、2023 年 8 月時点で最新のモデルである GPT4 は、モデルサイズ（パラメータ数）は非公開なものの GPT3.5 を大きく上回ると推測されており、モデルの精度も米国の共通司法試験の正答率において GPT3.5 は受験者の下位 10％ に相当する正答率だったのに対し、GPT4 は概ね上位 10％ に相当する点数（合格水準）に到達したと報告されるなど、大きな性能向上を達成しています。

　さらに GPT3.5 などの昨今の大規模言語モデルでは、通常のチャットボットサービスのような対話応答だけでなく、文章の要約や、英語から日本語などの翻訳、プログラムコードやメール文案の生成など、様々なタスクをこなすことができます。2023 年 8 月時点ではリリースされていませんが、GPT4 は将来的には画像をインプットとして画像の特徴などを回答することができるようになる予定であり既に Google が提供する大規模言語モデル「Bard」ではインプットした画像の特徴を回答させるといったタスクを解かせることが可能です。このように、大規模言語モデルは今後もマルチモーダル対応など、より幅広いタスクをこなすことができるように進化すると予想されています。

　最後に、利用にあたって留意すべき点も押さえておきましょう。大規模言語モデルは非常に便利ですが、利用にあたっては留意すべき点があります。理解した上で活用できるよう、代表的な 3 つのポイントについて解説します。

- ▸ 誤った情報を出力することがある（ハルシネーション）
- ▸ 入力の工夫により出力形式などを整えることができる（プロンプトエンジニアリング）
- ▸ 法律や倫理的な観点の考慮が必要

　1 点目の誤った情報を出力することがある（**ハルシネーション**）については、仕組みを理解すると少し見えてきます。GPT3.5 などの大規模言語モデルの大枠の仕組みとしては、インプットされた単語・文章に対して過去に学習したデータから

次に来る単語・文章を予測し、確率が高いものを出力するような仕組みになっています。

そのため、出力内容の質が学習データの質に影響を受けたり、あくまで次に来る確率が高い単語・文章を出力する仕組みのため、必ずしもそれが正解かどうかは保証されていません。入力した情報に対して、あたかも何でも知っているかのように振る舞うことがありますが、上記の仕組みを頭に入れたうえで、出力情報はあくまで下書きとして考えてそのまま鵜呑みにせずに利用することが重要です。

また、2023年8月時点のGPT3.5やGPT4モデルは2021年9月までの情報を利用してモデルの学習がされています。それ以降のニュースなどの情報は学習していないため、質問しても正しい回答を得ることはできません。GPT3.5などが学習していない情報も含めて回答を得たい場合は、現時点ではAPI提供されているGPT3.5などをそのまま利用するのではなく、別途情報を取得した上でそちらも含めて回答させる方法など、別の仕組みと組み合わせることで実現する必要があります。

▼GPT3.5などの出力の仕組み（概要）

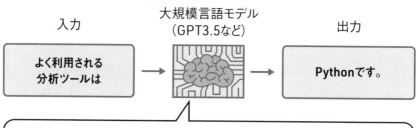

候補	出現確率
Pythonです。	10.2%
Rです。	9.3%
Tableauです。	3.2%
SASです。	2.1%
…	…

・次に来る単語・文章の確率を算出
・基本的には確率が高い単語・文章を選択するが、あえて確率が低い候補も選択されやすくなるようパラメータで設定も可能。
・回答は、大規模言語モデルの学習時のデータセットの質に依存する点や、確率を踏まえて単語・文章を生成して出力する仕組みから、誤った情報を出力する可能性もある

　2点目は、GPT3.5などに入力する情報を工夫することで、より得たい出力内容や形式に近づけることができるという点です。それを**プロンプトエンジニアリング**と呼びます。

　例えば、入力の指示文章を具体的に書くほど、より意図に近い具体的な出力結果を得ることができます。「顧客へ提案する際のポイントを教えて」より「私はXX業界の顧客を担当する営業です。顧客へXX領域の提案をする際のポイントを箇条書きで5つ教えて」のように、具体的に書くことが望ましいです。具体的に指示をしたほうがよいという点は人に指示を与えるときと似ているかもしれません。また、出力例を幾つか例示する方法（Few-shot Learning）も効果的な方法の一つです。前半のアプリ実装や、後半のGoogle Colabを使用した解説の中で、実際に幾つかの手法を適用して出力結果を確認していきます。

　3点目は、**法律や倫理的な観点**の考慮が必要になる点です。GPT3.5などにユーザーが入力した文章は、大規模自然言語モデルの学習に利用される可能性があります。例えば、個人情報（氏名や電話番号など）や機密情報（非公開の事業状況など）を含む情報を入力すると、その入力データが学習に利用された場合、将来リリースされる新しいモデルで該当情報を含む出力がされる可能性があるということです。

　ただし、2023年8月時点で、OpenAIのページの「Developer focus」の欄を参照すると、「API を通じて送信されたデータは、組織がオプトインしない限り、サービス改善（モデル トレーニングを含む）のために使用されることはない」という旨の記載があり、現時点でAPIとしてOpenAIサービスを利用する場合は前述のリスクはなさそうです。

🔽Developer focus（OpenAIのページ）
　https://openai.com/blog/introducing-chatgpt-and-whisper-apis

　しかし、他の用途（OpenAI社がサービスのモニタリングとしての利用など）でデータが利用される可能性や、APIではない方法（ChatGPTのWeb画面など）で入力した情報はオプトアウトしないとモデルの学習に利用される可能性があります。また、GPT3.5などの生成AIモデルが出力された情報については、著作権や倫理的なリスク（偏った情報が出力される等）が存在します。

　これらの法律や倫理的な観点の判断は企業毎に異なることもあり、業務として

生成AIを利用する場合は自社の法務担当などの見解を踏まえて利用することが望ましいです。なお、一般社団法人ディープラーニング協会のページで「生成AIの利用ガイドライン」が公開されています。こちらをベースとしながら自社の生成AI利用のガイドライン整理するのもいいでしょう。

🔽一般社団法人ディープラーニング協会のページ
https://www.jdla.org/document/#ai-guideline

　少し長くなりましたが、GPTに代表される生成系のAIは新しい技術ということもあり注意点を押さえておかないとリスクも高いので、これまでの章とは異なり、先に基本的な説明をさせていただきました。GPTの期待を感じ取るとともに、法律や倫理的な観点などの注意点を十分理解して進めていきましょう。また、特徴や注意点を理解することで、AIは怖いものではなくなります。最新の動向やより詳細な情報はWebの情報なども参考にしてみると良いでしょう。

　では、アプリを作成していくのですが、その前にAPIの設定が必要なのでまずは準備を整えていきましょう。

OpenAIのAPIを使用する準備を整えよう

　それでは、まずはOpenAIのAPI利用に向けた準備を進めていきましょう。ここでやることは、OpenAIのアカウントを作成し、API Keyを取得します。また、最後に気になる料金に関して触れておきます。
　まずは、OpenAIのアカウント作成からです。まず、Open AIのアカウントを保有していない方は、アカウント作成しましょう。Open AI社のウェブサイトにアクセスをして右上の「Get started」ボタンを押下します。

🔽Open AI社のウェブサイト
https://openai.com/

◉OpenAI社のWebサイト

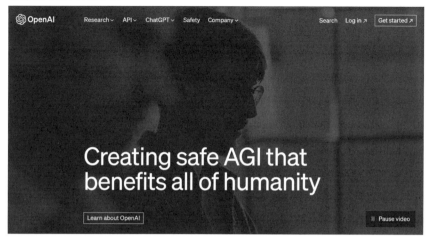

アカウント作成画面に遷移したら、アカウントとして利用するメールアドレスを入力します。GoogleやMicrosoftなどのアカウントを利用することも可能です。入力後に画面に従ってパスワード設定やメールによる認証を行うと、OpenAIのアカウントが作成できます。

◉アカウント作成

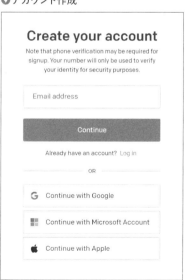

では、続いてOpenAI API Key取得していきます。Open AI社のウェブサイト（openai.com）にアクセスをして、右上の「Log in」ボタンを押下します。その後、認証情報の入力画面が出力されますので、登録　したOpenAIのアカウント情報を入力してログインします。OpenAIのサービス選択画面が表示されたら、今回はAPIとしてサービスを利用しますのでAPIを選択しましょう。

○APIの選択

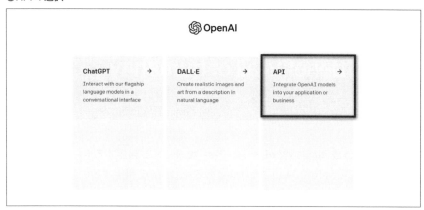

続いて、右上のアイコンをクリックし、表示されたメニューから「ViewAPI Keys」を選択します。

○View API Keysの選択

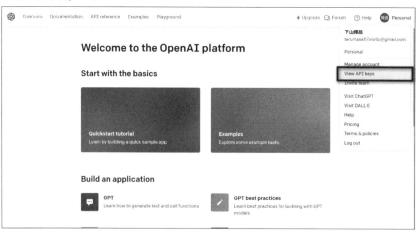

API Keysのページに遷移したら「+Create new secret key」ボタンを押下します。

◯API Key（secret key）の作成①

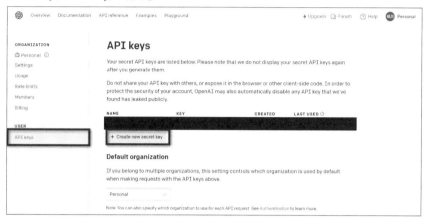

作成するAPI Key（secret key）の名前を入力する画面が表示されますので必要に応じて「My Test Key」など任意の名前を入力して、「Create secret key」ボタンを押下します。名前は空白でも問題ありません。

◯API Key（secret key）の作成②

Create new secret key

Name Optional

My Test Key

Cancel   Create secret key

作成されたAPI Key（secret key）が画面に表示されますので、右のコピーボタンなどを利用してコピーして、必ず手元に保管しておきます。なお、こちらが分かると第三者でも該当のAPI Key（secret key）を利用してAPIを利用できてしまうため、公開しないよう十分に注意しましょう。

○API Key（secret key）のコピー

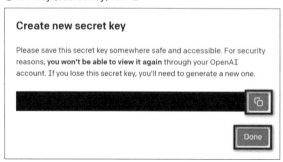

これで準備は整いましたが、APIを動かす前に利用料金について把握しておきましょう。

まず、GPT3.5やGPT4モデルの特徴や利用料金を理解するためには、トークン（token）について理解する必要があります。トークンとは、テキストデータを分割した際の最小単位のことで、英語では単語や句などがトークンとなります。例えば「Hello World」という文章があった場合は、「Hello」や「World」が1トークンとなり、合計2トークンとなります。ただし日本語の場合は、ひらがなや漢字1文字あたり約1〜2トークンと計算されます。入力する文章が何トークンになりそうかを確認したい場合は、トークン数を確認するページを利用すると便利です。

○トークン数を確認するページ

https://platform.openai.com/tokenizer

例えば「こんにちは世界」だと10トークンと算出されました。APIを利用する際はこのトークン数によって利用料金が変わってきます。

▼tokenの確認

Tokenizer

The GPT family of models process text using **tokens**, which are common sequences of characters found in text. The models understand the statistical relationships between these tokens, and excel at producing the next token in a sequence of tokens.

You can use the tool below to understand how a piece of text would be tokenized by the API, and the total count of tokens in that piece of text.

GPT-3 Codex

こんにちは世界

Clear Show example

Tokens   **Characters**
10   7

こんに◆◆は◆◆◆◆

　トークンについて理解が進んだところで、GPT3.5やGPT4モデルの料金を確認していきます。OpenAIが提供する大規模言語モデルは随時アップデートされているため、最新の情報は公式ホームページの言語モデルのページを確認することをお勧めしますが、現時点の情報について解説していきたいと思います。

▼公式ホームページの言語モデルのページ

https://openai.com/pricing#language-models

　2023年8月時点において、メインで提供されているモデルはGPT4とGPT3.5の2つです。また各モデルは最大トークン数により複数のモデルに分かれて提供されており、利用料金も異なります。なお、最大トークン数は入力と出力を合計したトークン数になります。

🔽GPT4

Model	最大トークン数	入力	出力
8K context	8192(8k) tokens	$0.03 / 1K tokens	$0.06 / 1K tokens
32K context	32768(32k) tokens	$0.06 / 1K tokens	$0.12 / 1K tokens

🔽GPT3.5

Model	最大トークン数	入力	出力
4K context	4096(4k) tokens	$0.0015 / 1K tokens	$0.002 / 1K tokens
16K context	16384(16k) tokens	$0.003 / 1K tokens	$0.004 / 1K tokens

　料金体系に関して理解できたら、最後に現在APIを使用している量の確認方法を押さえておきましょう。現在のAPIの使用量はUsageのページで確認することが可能です。なお、2023年8月時点において、OpenAIでアカウントを作成すると、無償で$5の利用権が付与されます。こちらは3か月間利用することが可能です。無償の利用額を超過する、もしくは無償の利用期間が過ぎて利用する場合は、有償での利用になりますがBillingのページからクレジットカード情報等を登録することで利用することが可能になります。特に、期間が落とし穴で、$5使用していなくても3か月過ぎると無償の利用期間が終了してしまいます。

🔽利用量の確認

　では、ここまででAPIを使用する準備が整いました。ここからはアプリを作成していきます。

プログラムを生成してくれるアプリを作成しよう

　では、まずはGPTを活用してプログラムを生成してくれるアプリを作成していきます。このアプリは、要望を伝えるとプログラムを表示してくれるアプリになります。そこで、インプットは1つのテキストボックスから入力できるようにしましょう。

　まずはこれまでと同様に、streamlitを動かしてから、アプリを開発していきます。

　Google Driveにアクセスして6章のフォルダに入っている「6_run_streamlit.ipynb」をダブルクリックして起動しましょう。

　もうお馴染みの処理になっているかと思いますが、必要なライブラリをインストールして、Google Driveへの接続、3つ目でstreamlitのプログラムを書くファイルを表示して、最後にstreamlitを起動しています。3つ目の実行後に、プログラムを書くファイルが表示されると思いますが、こちらを後ほど変更しながらアプリ修正を進めていきます。また、アプリ作成の手順の流れはChapter0やChapter1で詳しく説明していますので、もし分からなくなったらそちらをチェックしてみましょう。

　それでは順番に実行していきましょう。

●セルの実行

実行後に表示されたURLにアクセスして、streamlitの画面を開きましょう。覚えていますか。まずは「your url is:」にあるURLをクリックします。続いて画面が表示されたら、「External URL:」に書いてあるアドレスを入力し、Click to Submitを押します。いつものように、白い画面が表示されます。

では、テキストボックスを配置していきましょう。また、GPTはAPIが実行されるたびに料金がかかるので、必ず実行ボタンが押されるのを起点にAPIが実行されるようにボタンを配置しておきましょう。これまでやってきたので、簡単にできますね。

```
01: import streamlit as st
02:
03: # Input
04: input_text = st.text_input('指示入力')
05:
06: # Process
07: if st.button('実行'):
08:
09: # Output
10:    st.write(input_text)
11:
```

🔽テキストボックスおよびボタンの配置プログラム

```
6_GPT_app.py ×                                    •••
1 import streamlit as st
2
3 # Input
4 input_text = st.text_input('指示入力')
5
6 # Process
7 if st.button('実行'):
8
9 # Output
10   st.write(input_text)
11
```

この辺はこれまでやってきたので大丈夫ですね。4行目でテキストボックスの入力機能を作成し、7行目でボタンによる実行機能を作成しています。最後に、

ボタンが押されたら出力が表示されます。

　ではやってみましょう。指示入力には「これはテストです」を指定して実行します。

◎テキストボックスおよびボタンの配置プログラムの実行結果

指示入力

これはテストです

実行

これはテストです

　問題なく動作しましたか。では、いよいよOpenAIによるGPT機能の実装です。GPTの細かい解説は後半でやるので、まずは動かしてみましょう。Google Colaboratoryに戻ってソースコードを次のように修正します。

```
01: import streamlit as st
02: import os
03: import openai
04:
05: os.environ["OPENAI_API_KEY"] = "<ご自身のAPIキーを入力>"
06: openai.api_key = os.getenv("OPENAI_API_KEY")
07:
08: # Input
09: input_text = st.text_input('指示入力')
10:
11: # Process
12: if st.button('実行'):
13:     completion = openai.ChatCompletion.create(
14:     model="gpt-3.5-turbo",
15:     temperature=0,
16:     messages=[
17:       {"role": "system", "content": "あなたはプロのプログラマーです。"},
```

```
18:      {"role": "user", "content": input_text}
19:    ]
20:  )
21:
22: # Output
23:    st.write(completion["choices"][0]["message"]["content"])
24:
```

🔽 プログラム生成機能のプログラム

```
6_GPT_app.py ×                                              ...
1 import streamlit as st
2 import os
3 import openai
4
5 os.environ["OPENAI_API_KEY"] = ██████████████
6 openai.api_key = os.getenv("OPENAI_API_KEY")
7
8 # Input
9 input_text = st.text_input('指示入力')
10
11 # Process
12 if st.button('実行'):
13   completion = openai.ChatCompletion.create(
14   model="gpt-3.5-turbo",
15   temperature=0,
16   messages=[
17     {"role": "system", "content": "あなたはプロのプログラマーです。"},
18     {"role": "user", "content": input_text}
19   ]
20   )
21
22 # Output
23   st.write(completion["choices"][0]["message"]["content"])
24
```

　2、3行目で必要なライブラリをインポートしています。その後、5行目、6行目でAPI Key（secret key）を入力します。「"」の間にある<ご自身のAPIキーを入力>には、先ほどコピーしておいたAPI Key（secret key）を必ず設定してください。こちらの設定を忘れるとエラーになります。また、ここで注意が必要なのが、くれぐれもAPI Keyが記載されている状態でGoogle Driveにあるプログラムを他の人に公開しないようにしてください。先ほどもお伝えしましたがAPI Keyは公開するといろんな人に使われてしまい、知らない間に金額を請求されることがあります。クレジットカードを登録していない無償期間であればまだ良いのですが、くれぐれも注意してください。さて、実際のOpenAIのAPIを使用している部分は13行目から20行目のブロックです。大抵のAPIはこのように、いろんな情報を詰め込んで、APIに投げることで結果を取得できます。結果は、completionで受け取っており、その結果をst.writeで出力しています。APIを使うことで煩雑な処理

を省いて簡単にAIが使用できますね。APIを使う時の特徴は、5行目のように API Keyを入力する部分があることと、APIを投げるときにインプット情報として パラメータなどの情報を付加して送ることで、それに応じた様々な出力結果を得 ることができる点です。細かい流れは後半の解説編でやりますが、input_textに 画面上で入力した文字を受け取り、それをmessageとして投げています。

　では、使ってみましょう。ここでは、画面から「簡単な数字当てゲームのpython コードを出力して」という言葉を入力し、実行してみます。もし、画面表示が変わ らない場合は、ブラウザを読み込み直したり、Google Colaboratory上で streamlitが起動されているかなど確認してみましょう。

●プログラム生成機能のプログラムの実行結果①

```
指示入力
簡単な数字当てゲームのpythonコードを出力して

実行
Sure! 以下は、簡単な数字当てゲームのPythonコードです。
```

```python
import random

def guess_number():
    number = random.randint(1, 100)
    attempts = 0

    while True:
        guess = int(input("1から100までの数字を予想してください: "))
        attempts += 1

        if guess < number:
            print("もっと大きい数字です！")
        elif guess > number:
            print("もっと小さい数字です！")
        else:
            print(f"正解です！{attempts}回目の予想で当たりました！")
            break

guess_number()
```

このコードでは、1から100までのランダムな数字を生成し、プレイヤーがその数字を当てるゲーム です。プレイヤーが数字を入力するたびに、正解よりも大きいか小さいかを表示し、最終的に正解 した場合に試行回数を表示します。

このコードを実行すると、プレイヤーが数字を入力するたびにプログラムが応答し、正解するまで 続きます。

　いかがでしょうか。Pythonコードを提案してくれていますね。このように、こちらで要望や指示を出すと、それに答えてくれるわけです。注意点でも説明しましたが、誤った情報であることも多いので、プログラムであれば動かしてみてチェックしたりすることも重要です。後半ではその辺もトライしていきます。では、少し言葉を変えて、「Pandasでデータを集計する方法を教えてください」にしてみましょう。

●プログラム生成機能のプログラムの実行結果②

指示入力

Pandasでデータを集計する方法を教えてください

実行

PandasはPythonのデータ解析ライブラリであり、データの集計や操作に非常に便利です。以下にいくつかの一般的なデータ集計の方法を示します。

1. グループ化と集計: `groupby()` メソッドを使用してデータをグループ化し、`agg()` メソッドを使用して集計を行います。たとえば、以下のコードは `df` というデータフレームを `category` 列でグループ化し、`price` 列の合計を計算します。

```
df.groupby('category')['price'].agg('sum')
```

2. ピボットテーブル: `pivot_table()` メソッドを使用してデータをピボットテーブルとして集計することもできます。たとえば、以下のコードは `df` というデータフレームを `category` 列と `date` 列でグループ化し、`price` 列の平均を計算します。

```
df.pivot_table(index='category', columns='date', values='price', aggfunc='mean')
```

3. 集計関数: Pandasにはさまざまな集計関数が用意されています。たとえば、`sum()`、`mean()`、`median()`、`min()`、`max()` などがあります。これらの関数をデータフレームの列に適用することで、集計結果を得ることができます。

```
df['price'].sum()     # 合計
df['price'].mean()    # 平均
df['price'].median()  # 中央値
df['price'].min()     # 最小値
df['price'].max()     # 最大値
```

これらは一部の例ですが、Pandasにはさまざまな集計方法があります。データの性質や目的に応じて適切な方法を選択してください。

　集計方法などのように少し抽象的なタスクでも説明とともにコードを提案してくれます。非常に面白いですね。他にも簡単に試してみると良いでしょう。ただし、本章の内容はそこまで重たい処理ではないのであまり意識しすぎなくても大丈夫ですが、実行するたびに課金、もしくは無償分の利用量が減っていくので注意してください。

　では、次のアプリを作成しましょう。今回は、メールのシーンを入力すると、そのメールの文案を作成してくれるアプリです。ではやっていきます。

```python
01: import streamlit as st
02: import os
03: import openai
04:
05: os.environ["OPENAI_API_KEY"] = "<ご自身のAPIキーを入力>"
06: openai.api_key = os.getenv("OPENAI_API_KEY")
07:
08: # Input
09: input_text = st.text_input('メールのシーン入力')
10:
11: # Process
12: if st.button('実行'):
13:     completion = openai.ChatCompletion.create(
14:         model="gpt-3.5-turbo",
15:         temperature=0,
16:         messages=[
17:             {"role": "user", "content": f'{input_text}メールの文案を200文字くらいで作成して'}
18:         ]
19:     )
20:
21: # Output
22:     st.write(completion["choices"][0]["message"]["content"])
23:
```

▼メール文案生成機能のプログラム

```
6_GPT_app.py  ×                                                    ...
 1 import streamlit as st
 2 import os
 3 import openai
 4
 5 os.environ["OPENAI_API_KEY"] = ███████████████████████████████
 6 openai.api_key = os.getenv("OPENAI_API_KEY")
 7
 8 # Input
 9 input_text = st.text_input('メールのシーン入力')
10
11 # Process
12 if st.button('実行'):
13     completion = openai.ChatCompletion.create(
14         model="gpt-3.5-turbo",
15         temperature=0,
16         messages=[
17             {"role": "user", "content": f'{input_text}メールの文案を200字くらいで作成して'}
18         ]
19     )
20
21 # Output
22 st.write(completion["choices"][0]["message"]["content"])
23
```

　変更点は、9行目のラベル部分と、13行目から19行目のAPIをリクエストするところです。リクエスト部分は、前回は受け取ったテキストをそのまま流し込んでいましたが、今回は少しシンプルではありますが入力したテキストに対して「メールの文案を200文字くらいで作成して」というテキストを強制的にくっつけてリクエストしています。このように裏側であらかじめ文章を入れておくことで、出力内容をコントロールすることができます。ここではやりませんが、そう考えると200文字などの指定も画面から指定できるようにもできるのが想像できますね。では実際に試してみましょう。

　まずは、「新しく配属される部署での挨拶」というシーン入力をして実行してみます。

● メール文案生成機能のプログラムの実行結果①

メールのシーン入力

新しく配属される部署での挨拶

[実行]

件名: 新しい部署へのご挨拶

皆様、

初めまして、私は○○と申します。この度、新しく○○部署に配属されましたことをご報告申し上げます。

これからは、皆様と一緒に働くことを楽しみにしております。新しい環境での挑戦に胸を膨らませておりますので、どうぞよろしくお願いいたします。

今後とも、お互いに協力し合いながら、より良い成果を上げていけるよう努めてまいります。何かご不明な点やご質問がございましたら、お気軽にお声掛けください。

改めまして、よろしくお願いいたします。

○○

　いかがでしょうか。簡単に文案を作成してくれますね。なお、GPTは同じインプット情報・条件で実行しても、実行するたびに出力する結果が変わることがあります。そのため、今後も図と異なる実行結果が出力される可能性がありますが、皆さんの操作誤りなどではありませんので心配しなくて大丈夫です。逆に言うと、何度も実行して納得がいく結果が得られるまで試してみることも可能です。では、他のシーンも入力してみましょう。「会社を退職する挨拶」と入れてみます。

● メール文案生成機能のプログラムの実行結果②

```
メールのシーン入力

会社を退職する挨拶

実行

【件名】退職のご挨拶

いつもお世話になっております。私、〇〇はこの度、退職することとなりました。

長い間、皆様と一緒に働かせていただき、本当に感謝しております。お世話になった方々には心か
らお礼申し上げます。

新たな挑戦をするため、この決断をいたしました。今までの経験を活かし、新たな道で頑張ってま
いります。

これまでのご指導やご支援に心から感謝しております。今後ともご縁がありましたら、どうぞよろ
しくお願いいたします。

最後になりますが、これまでのご厚情に心より感謝申し上げます。お世話になりました。

敬具

〇〇
```

　これまた良い文章が生成されています。この辺の文章の自然さには驚くばかり
です。いろいろ活用のアイデアが広がっていきますね。なお、APIをリクエストす
る部分は、今回は非常に非常にシンプルな作り方ですが、工夫次第でさらに複雑
なタスクも実行することが可能です。ではその例として、最後にもう一つ別のアプ
リを作成してみましょう。
　今回は、指定したテーマについてGPTがブレーンストーミングをしてくれるアプ
リです。しかも、参加者の属性をGPTに指定することで、色々な人の視点から意
見を出し合ってもらえるようにしたいと思います。ではやっていきます。

```
01: import streamlit as st
02: import os
03: import openai
04:
05: os.environ["OPENAI_API_KEY"] = "<ご自身のAPIキーを入力>"
06: openai.api_key = os.getenv("OPENAI_API_KEY")
```

```
07:
08: # Input
09: input_area = st.text_area("ブレーンストーミングのテーマを入力してください") # 文字入力(複数行)
10: input_text1 = st.text_input("参加者Aの属性を入力してください") # 文字入力(1行)
11: input_text2 = st.text_input("参加者Bの属性を入力してください") # 文字入力(1行)
12: input_text3 = st.text_input("参加者Cの属性を入力してください") # 文字入力(1行)
13:
14: # Process
15: if st.button("実行"):
16:     completion = openai.ChatCompletion.create(
17:         model="gpt-3.5-turbo",
18:         temperature=0,
19:         messages=[
20:             {"role": "user", "content": f"""
21:             これから下記の<参加者>の3名で、<テーマ>でブレーンストーミングを実施してください。
22:             また、一人複数回発言しながらブレーンストーミングを続けてください。
23:             ユーザーの入力を待たずに続けてください。
24:             最後にブレーンストーミングの結果をまとめるようにしてください。
25:             ###参加者
26:             -参加者A：{input_text1}
27:             -参加者B：{input_text2}
28:             -参加者C：{input_text3}
29:             ###テーマ
30:             -{input_area}
31:             ###出力形式
32:             -参加者は発言の中で積極的に他者の意見にメンション（例：@〇〇さん）をつけて意見を言うようにしてください。
33:             -出力例：〇〇さんの提案に私は賛成/反対です。なぜなら・・
34:             -参加者の発言の後は、必ず改行するようにしてください。"""}
35:         ]
36:     )
37:
38: # Output
39:     st.write(completion["choices"][0]["message"]["content"])
```

🔽 ブレーンストーミング機能のプログラム

```
6_GPT_app.py ×
 1  import streamlit as st
 2  import os
 3  import openai
 4
 5  os.environ["OPENAI_API_KEY"] = ███████████████████████████
 6  openai.api_key = os.getenv("OPENAI_API_KEY")
 7
 8  # Input
 9  input_area = st.text_area("ブレーンストーミングのテーマを入力してください") # 文字入力(複数行)
10  input_text1 = st.text_input("参加者Aの属性を入力してください") # 文字入力(1行)
11  input_text2 = st.text_input("参加者Bの属性を入力してください") # 文字入力(1行)
12  input_text3 = st.text_input("参加者Cの属性を入力してください") # 文字入力(1行)
13
14  # Process
15  if st.button('実行'):
16    completion = openai.ChatCompletion.create(
17      model="gpt-3.5-turbo",
18      temperature=0,
19      messages=[
20        {"role": "user", "content": f"""
21        これから下記の＜参加者＞の3名で、＜テーマ＞でブレーンストーミングを実施してください。
22        また、一人複数回発言しながらブレーンストーミングを続けてください。
23        ユーザーの入力を待たずに続けてください。
24        最後にブレーンストーミングの結果をまとめるようにしてください。
25        ###参加者
26        -参加者A：{input_text1}
27        -参加者B：{input_text2}
28        -参加者C：{input_text3}
29        ###テーマ
30        -{input_area}
31        ###出力形式
32        -参加者は発言の中で積極的に他者の意見にメンション（例：@○○さん）をつけて意見を言うようにしてください。
33        -出力例：○○さんの提案に私は賛成/反対です。なぜなら‥
34        -参加者の発言の後は、必ず改行するようにしてください。"""}
35      ]
36    )
37
38  # Output
39  st.write(completion["choices"][0]["message"]["content"])
```

先ほどより少し長いプログラムになりましたが大きな変更点は2か所です。まず9行目から12行目で、GPTにブレーンストーミングさせるテーマと、ブレーンストーミングに参加する参加者3名の属性を入力できるようにしています。なお、テーマについては詳しく内容を入力することも想定して複数行入力できるよう「text_area」を利用しています。続いて、20行目から34行目で、GPTのAPIにリクエストする指示文のところです。ブレーンストーミングという少し複雑なタスクを指示するため、改行しながら長い指示文で詳しく出力条件などを記載しています。このように指示内容や役割、出力形式などの情報を詳しく与えることで、GPTなどの言語モデルから得たい答えを引き出す技術をプロンプトエンジニアリングと呼びます。少し長いソースコードですので、秀和システムのホームページに掲載されているソースコード例を参照したり、コピーして利用するのもいいでしょう。では実際に試してみましょう。

まずは、「心理的安全性」について、職場の社員が集まってブレーンストーミングするような想定で実行してみましょう。

<入力内容>
テーマ：心理的安全性って何だろう？
参加者A：40代の管理職。部下のモチベーションを高めるよう試行錯誤しているが、苦労している。
参加者B：20代の若手の女性社員。周りに配慮して意見しない傾向がある。女性管理職を目指している。
参加者C：30代の中堅の男性社員。非常に優秀だが、忙しくなると仕事の指示が粗くなることがある。

▼ ブレーンストーミング機能のプログラム実行結果①

ブレーンストーミングのテーマを入力してください

心理的安全性って何だろう？

参加者Aの属性を入力してください

40代の管理職。部下のモチベーションを高めるよう試行錯誤しているが、苦労している。

参加者Bの属性を入力してください

20代の若手の女性社員。周りに配慮して意見しない傾向がある。女性管理職を目指している。

参加者Cの属性を入力してください

30代の中堅の男性社員。非常に優秀だが、忙しくなると仕事の指示が粗くなることがある。

[実行]

参加者A: 心理的安全性って何だろう？私は部下のモチベーションを高めるために試行錯誤しているけど、なかなかうまくいかないんだよね。　参加者B: @参加者Aさん、心理的安全性は人々が自分の意見や感情を自由に表現できる状態のことだと思います。部下が自分の意見を言いやすい環境を作ることが大切かもしれません。　参加者C: @参加者Bさん、確かに心理的安全性は自由な意見表明ができる状態ですね。でも、それだけではなく、他者からの批判や否定的な意見に対しても受け入れる姿勢も必要だと思います。

参加者A: @参加者Cさん、なるほど、他者の意見に対しても受け入れる姿勢が必要なんですね。でも、どうやってそれを実現すればいいんだろう？　参加者B: @参加者Aさん、私はまずは自分が他者の意見を尊重することから始めると良いと思います。そして、他のメンバーにもそれを求めることで、心理的安全性を高めることができるかもしれません。　参加者C: @参加者Bさん、確かに他者の意見を尊重することは大切ですね。それに加えて、ミスや失敗を恐れずにチャレンジする文化を作ることも心理的安全性を高める一つの方法かもしれません。

　いかがでしょうか。出力する回答が長いため、少し時間がかかったと思いますが、3名があたかも実在する人物のようにお互いの意見を踏まえながら意見を出し合ってくれています。このようにGPTにブレーンストーミングさせて新たなアイディアや視点がないかを確認することも一つのお勧めの活用方法です。試しに同じテーマで参加者を変えるとどうなるかを実行してみましょう。今回は小学校の教室で生徒と先生がディスカッションしているようなシーンを想定して実行してみましょう。

```
<入力内容>
テーマ：心理的安全性って何だろう?
参加者A：小学生の男子。サッカーと音楽が大好き。
参加者B：小学生の女子。絵を描くのが大好き。読書も好き。
参加者C：小学校の先生。参加者Aと 参加者Bの担任の先生。
```

▼ ブレーンストーミング機能のプログラム実行結果②

ブレーンストーミングのテーマを入力してください

心理的安全性って何だろう?

参加者Aの属性を入力してください

小学生の男子。サッカーと音楽が大好き。

参加者Bの属性を入力してください

小学生の女子。絵を描くのが大好き。読書も好き。

参加者Cの属性を入力してください

小学校の先生。参加者Aと参加者Bの担任の先生。

[実行]

参加者A: 心理的安全性って何だろう?私は、他の人と自分の意見を自由に言えることだと思う。例えば、学校で質問をする時、間違っても笑われたり叱られたりしないことが心理的安全性だと思う。

参加者B: @参加者Aさんの意見に賛成です。私も心理的安全性は、自分の意見や感じたことを素直に表現できることだと思います。絵を描く時も、自分の作品を恥ずかしがらずに発表できる環境があるといいなと思います。

参加者C: @参加者Aさん、@参加者Bさんの意見に同意です。心理的安全性は、他の人に対して批判的な意見を言っても受け入れられる環境だとも言えます。間違いを指摘されても、否定されずに建設的なフィードバックをもらえることが大切です。

　いかがでしょうか。参加者を変えることで、参加者の属性（学校の話題や絵が好きなど）に合わせて議論の内容が変わったことを感じていただけたのではないかと思います。今回はGPT3.5を利用しましたが、GPT4などより最新の大規模言語モデルを利用するともっと人間に近い振る舞いや回答があるなど出力結果は変わってきますので、機会があればぜひ試していただければと思います。

　これで、前半のアプリ編は終了です。ここでは非常に簡単なアプリしか作成していませんが、メール文案生成アプリを作成した時にも少し触れましたが、文字を画面入力できるように拡張したり、プロンプトを工夫することでどんどん活用方法が広がっていきます。ただ、APIもこれまでやってきたIPOを意識すればそこまで難しいものではないのが実感できたのではないでしょうか。では、後半はGPTの中身を詳しく見ていきましょう。

Section 6-2 GPTの利用方法について深堀りしてみよう

それでは後半はGoogle Colaboratoryを使いながらAPIの利用方法について解説を進めていきます。なお、OpenAIが提供するサービスは技術進歩が速く、今後仕様が変更となる可能性があります。最新のAPI仕様を確認したい場合は、公式ホームページのAPIリファレンスを参照するようにしましょう。今回は2023年8月時点の情報として解説をしていきます。

●APIリファレンス
https://platform.openai.com/docs/api-reference

GPT3.5モデルの特徴を確認しよう

まずはライブラリのインストールからです。今回はGoogle Drive内のデータは使用しないので、Google Driveへの接続は行いません。では「6章」の「6_OpenAIのGPTの理解.ipynb」を開いてください。

```
!pip install openai
```

●ライブラリのインストール

続いて、必要となるパッケージをインポートするとともに、OpenAIのAPI Key
を設定します。＜ご自身のAPIキーを入力＞の欄に先ほど作成したAPI Key
（secret key）を設定します。

```
import os
import openai
os.environ["OPENAI_API_KEY"] = "＜ご自身のAPIキーを入力＞"
openai.api_key = os.getenv("OPENAI_API_KEY")
```

⚫️API Keyの設定

```
[2]  import os
     import openai
     os.environ["OPENAI_API_KEY"] = ███████████████████
     openai.api_key = os.getenv("OPENAI_API_KEY")
```

それではいよいよ実際に大規模言語モデルのAPIを利用していきます。まず
は、GPT3.5より前のモデルである「text-davinci-003」とGPT3.5モデル「gpt-
3.5-turbo」で出力内容にどのような違いがあるか確認してみたいと思います。
　まずは「text-davinci-003」です。modelに今回利用する「text-davinci-003」
を設定するとともに、promptに入力として利用したい文章を設定しています。ま
た、出力文字数の上限制限するmax_tokensとして300を設定しています。
tempretureというパラメータは0を設定しています。こちらのtempretureは0〜
2の範囲で設定することができ、0に近づけるほど次に来ると予測される確率が高
い単語や文章を優先して選択し、大きくするほど出力のランダム性が増すように
なります。なお、「text-davinci-003」は特に古いモデルのため将来的には利用で
きなくなる可能性が高いです。もし実行できなかった場合は、図（「text-
davinci-003」の実行）の実行結果を参照いただければと思います。

```
completion = openai.Completion.create(
  model="text-davinci-003",
  prompt="面白い挨拶を幾つか教えて",
  max_tokens=300,
  temperature=0
)
print(completion["choices"][0]["text"])
```

▼「text-davinci-003」の実行

```
[5]  completion = openai.Completion.create(
         model="text-davinci-003",
         prompt="面白い挨拶を幾つか教えて",
         max_tokens=300,
         temperature=0
     )
     print(completion["choices"][0]["text"])

     ください

     ・おはようございます！今日も元気にいきましょう！
     ・お元気ですか？
     ・お疲れ様です！
     ・お久しぶりです！
     ・おかえりなさい！
     ・いつもありがとうございます！
```

　出力例をみると、最初に「ください」という文言が来ています。これは、prompt
に設定した入力の最後の「教えて」の次にくると予測される一番確率が高い文章
や単語は「ください」と判断されて出力されています。このように、過去のモデル
は次に来る可能性が高い文章は予測できているものの、人間にとって自然な応答
かというとそうではなく、GPT3.5ではこれらの点を人間のフィードバックによる強
化学習等で改善されています。

　それでは続いて、GPT3.5で同じ内容の入力でどのような出力結果が得られる
のかを確認していきましょう。modelに今回利用する「gpt-3.5-turbo」を設定す
るとともに、messagesとして入力として利用したい文章を設定しています。な
お、GPT3.5はroleを設定することが可能ですが、一般的にユーザーからの入力
に該当するものはroleをuserとして設定します。roleは他にもsystemなどがあ
り、後ほど利用していきます。また、tempretureは0を設定して先ほどと同様に
予測される確率が一番高い単語や文章を優先して選択し、出力されるようにしま
す。

```
completion = openai.ChatCompletion.create(
    model="gpt-3.5-turbo",
    temperature=0,
    max_tokens=300,
    messages=[
        {"role": "user", "content": "面白い挨拶を幾つか教えて"}
```

```
    ]
)

print(completion["choices"][0]["message"]["content"])
```

🔽「gpt-3.5-turbo」の実行

```
completion = openai.ChatCompletion.create(
    model="gpt-3.5-turbo",
    temperature=0,
    max_tokens=300,
    messages=[
        ["role": "user", "content": "面白い挨拶を幾つか教えて"]
    ]
)

print(completion["choices"][0]["message"]["content"])

以下はいくつかの面白い挨拶の例です：

1. 「おはようございます！今日も元気に、朝からハイテンションでいきましょう！」
2. 「おはようございます！今日は笑顔で挨拶すると、周りの人も笑顔になるかもしれませんよ！」
3. 「おはようございます！今日も一日、ユーモアとポジティブさでいっぱいにしましょう！」
4. 「おはようございます！今日は何か面白いことが起こるかもしれませんね。楽しみです！」
5. 「おはようございます！今日も一緒に笑って、一緒に頑張りましょう！」
```

　出力結果を確認すると、先ほどは「ください」から始まっていた回答が、より人間にとって自然な対話形式の回答となり、出力された挨拶の例も、より指示の意図を踏まえボキャブラリーが増えた回答になっていると感じるのではないでしょうか。このように同じ入力であっても利用するモデルによって異なる出力結果を得ることができます。

パラメータによる違いを確認しよう

　続いて、APIに入力する情報とあわせて設定するパラメータを変更してどのように回答が変わるかについて確認します。GPT3.5のパラメータは幾つもありますが、今回は特によく利用するroleとtemperature、max-tokensについて変更することで出力内容がどう変化するかを確認していきます。
　まず**role**についてです。例えば、入力する情報によらず、固定的に与えたい指示や前提などについては、roleをsystemとして入力し、ユーザーからの入力情報はroleをuserとして設定するのが一般的です。先ほどのコードに、roleをsystemとして、前提となる情報を入力して、どのように回答が変わるかを確認し

てみましょう。

```
completion = openai.ChatCompletion.create(
  model="gpt-3.5-turbo",
  temperature=0,
  messages=[
    {"role": "system", "content": "あなたは関西人のコメディアンです。聞かれたことに対
して関西弁で回答してください。"},
    {"role": "user", "content": "面白い挨拶を5つ教えて"}
  ]
)

print(completion["choices"][0]["message"]["content"])
```

▼roleの設定

```
[11] completion = openai.ChatCompletion.create(
        model="gpt-3.5-turbo",
        temperature=0,
        messages=[
          ["role": "system", "content": "あなたは関西人のコメディアンです。聞かれたことに対して関西弁で回答してください。"],
          ["role": "user", "content": "面白い挨拶を5つ教えて"]
        ]
      )

      print(completion["choices"][0]["message"]["content"])

      おおきに！まいど！元気かい？
      おっはよー！今日もええ天気やなぁ。
      やあ！お前、元気そうやなぁ。
      おっす！最近どないや？
      おーい！お前、笑顔がええなぁ。
```

　出力内容を確認すると、正確な関西弁かはともかく、systemで設定した前提を踏まえて回答を出力してくれていることがわかります。

　では、続いて**temperature**を変更しましょう。こちらは2に近づけるほど、確率が低い候補も選択されやすくなるため、先ほどとは異なる出力が得られるはずです。今回はtemperatureを0.8に設定してみます。

```
completion = openai.ChatCompletion.create(
  model="gpt-3.5-turbo",
  temperature=0.8,
  messages=[
```

```
    {"role": "system", "content": "あなたは関西人のコメディアンです。聞かれたことに対
して関西弁で回答してください。"},
    {"role": "user", "content": "面白い挨拶を5つ教えて"}
  ]
)

print(completion["choices"][0]["message"]["content"])
```

▼temperatureの設定

```
completion = openai.ChatCompletion.create(
    model="gpt-3.5-turbo",
    temperature=0.8,
    messages=[
        {"role": "system", "content": "あなたは関西人のコメディアンです。聞かれたことに対して関西弁で回答してください。"},
        {"role": "user", "content": "面白い挨拶を5つ教えて"}
    ]
)

print(completion["choices"][0]["message"]["content"])
```

```
おおきに！
1. もー、おはようございますやで！
2. めっちゃおはようさん！
3. おはようございますんしゅー！
4. おはようございますっちゅーねん！
5. めちゃくちゃおはようございますやん！
```

　出力結果を確認すると、書籍の出力結果とは異なるかもしれませんが、先ほどの出力結果とは少し様子の異なる結果が得られたのではないでしょうか。色々なアイデアを出してほしい場合などはtemperatureを高めに設定することでこのように異なる結果を得やすくすることが可能です。

　続いて**max_tokens**です。こちらを変更することで、出力される文章のトークン数を制限することが可能です。今回はmax_tokensを50に変更してみましょう。

```
completion = openai.ChatCompletion.create(
  model="gpt-3.5-turbo",
  temperature=0,
  max_tokens=50,
  messages=[
    {"role": "system", "content": "あなたは関西人のコメディアンです。聞かれたことに対
して関西弁で回答してください。"},
```

```
        {"role": "user", "content": "面白い挨拶を幾つか教えて"}
    ]
)

print(completion["choices"][0]["message"]["content"])
```

⚡max_tokensの設定

```
✓  [15]  completion = openai.ChatCompletion.create(
3          model="gpt-3.5-turbo",
秒         temperature=0,
           max_tokens=50,
           messages=[
               ["role": "system", "content": "あなたは関西人のコメディアンです。聞かれたことに対して関西弁で回答してください。"],
               ["role": "user", "content": "面白い挨拶を幾つか教えて"]
           ]
       )

       print(completion["choices"][0]["message"]["content"])

       おおきに！まずは「おっす、おもろいやん！」やで。次に「おはようござんす！今日も笑いのネタでええ感じに
```

出力結果を見ると、先ほどよりも短い文章で出力されていることが分かります。

様々な利用用途を試してみる

それでは、文章生成の利用用途についても試してみましょう。ここでは、「コード生成」「出力形式を整えてみる」「翻訳や要約」「スピーチの文案作成」を試していきます。

まずはコード生成です。GPT3.5では先ほどのようにチャット的な文章の生成だけでなく、入力文章で指示した意図を踏まえてソースコードを出力してくれます。今回は、前半のアプリ編でも試しましたが「簡単な数字当てゲームのpythonコードを出力して」と指示を入力してみます。

```
completion = openai.ChatCompletion.create(
    model="gpt-3.5-turbo",
    temperature=0,
    messages=[
        {"role": "system", "content": "あなたはプロのプログラマーです。"},
        {"role": "user", "content": "簡単な数字当てゲームのpythonコードを出力して"}
    ]
```

```
)

print(completion["choices"][0]["message"]["content"])
```

❏コード生成

```
completion = openai.ChatCompletion.create(
    model="gpt-3.5-turbo",
    temperature=0,
    messages=[
        {"role": "system", "content": "あなたはプロのプログラマーです。"},
        {"role": "user", "content": "簡単な数字当てゲームのpythonコードを出力して"}
    ]
)

print(completion["choices"][0]["message"]["content"])
```

Sure! 以下は、簡単な数字当てゲームのPythonコードです。

```python
import random

def guess_number():
    number = random.randint(1, 100)
    attempts = 0

    while True:
        guess = int(input("1から100までの数字を予想してください: "))
        attempts += 1

        if guess < number:
            print("もっと大きい数字です！")
        elif guess > number:
            print("もっと小さい数字です！")
        else:
            print(f"正解です！{attempts}回目の予想で当たりました！")
            break

guess_number()
```

このコードでは、1から100までのランダムな数字を生成し、プレイヤーがその数字を当てるゲームです。プレイヤーが数字を入力するたびに、正解よりも大きいか小さいかを表示し、また、このコードを実行すると、プレイヤーが数字を入力するたびにプログラムが応答し、正解するまで続きます。

このコードでは、1から100までのランダムな数字を生成し、プレイヤーがその数字を当てるゲームです。プレイヤーが数字を予想するたびに、プログラムは正解よりも大きいか小さいかを教えてくれます。正解すると、プログラムは正解までの試行回数を表示します。

このコードを実行すると、プレイヤーが数字を予想するたびにプロンプトが表示されます。予想した数字を入力すると、プログラムがフィードバックを提供します。正解すると、正解までの試行回数が表示され、ゲームが終了します。

このコードは非常に基本的なものであり、改善の余地がありますが、簡単な数

字当てゲームの例としては十分です。

　また、出力結果を確認すると、ソースコードとゲームの解説も含めて出力されていることが分かります。こちらは本当に動くソースコードなのかを試してみましょう。文章中に記載されたコード部分をコピーしてセルに張り付けて実行してみましょう。

```
import random

def guess_number():
    number = random.randint(1, 100)
    attempts = 0

    while True:
        guess = int(input("1から100までの数字を予想してください: "))
        attempts += 1

        if guess < number:
            print("もっと大きい数字です！")
        elif guess > number:
            print("もっと小さい数字です！")
        else:
            print(f"正解です！{attempts}回目の予想で当たりました！")
            break

guess_number()
```

```
✓    ▶  import random
16
秒
        def guess_number():
            number = random.randint(1, 100)
            attempts = 0

            while True:
                guess = int(input("1から100までの数字を予想してください: "))
                attempts += 1

                if guess < number:
                    print("もっと大きい数字です！")
                elif guess > number:
                    print("もっと小さい数字です！")
                else:
                    print(f"正解です！{attempts}回目の予想で当たりました！")
                    break

        guess_number()

 ⌐➜  1から100までの数字を予想してください: 5
     もっと大きい数字です！
     1から100までの数字を予想してください: 10
     もっと大きい数字です！
     1から100までの数字を予想してください: 40
     もっと小さい数字です！
     1から100までの数字を予想してください: 35
     正解です！4回目の予想で当たりました！
```

　実行すると、1から100までの数字を予測するゲームを実行することができました。実際に予測値をダイアログに入力することで数当てゲームを楽しむことができます。なお、今回のケースでは出力されたソースコードはエラーなくそのまま実行することができましたが、不完全なソースコードが出力されるケースもあります。今回は実施しませんが、そのような場合はエラー内容を伝えるなどしながらソースコードの訂正を進めてもらうことも可能です。

　では続いてプロンプトエンジニアリングの代表例としてFew shot learningという、出力例を幾つか示して、意図する形式で出力させる方法をためしてみましょう。「ワンワン→この鳴き声は犬です」というように出力形式を幾つか示しながら質問してみます。

```
completion = openai.ChatCompletion.create(
  model="gpt-3.5-turbo",
  temperature=0,
  messages=[
    {"role": "user", "content": "次の鳴き声は？ワンワン→この鳴き声は犬です。ニャンニャン→この鳴き声は猫です。モーモー→"}
```

```
    ]
)
print(completion["choices"][0]["message"]["content"])
```

▼few shot learning

```
[19] completion = openai.ChatCompletion.create(
        model="gpt-3.5-turbo",
        temperature=0,
        messages=[
            {"role": "user", "content": "次の鳴き声は？ワンワン→この鳴き声は犬です。ニャンニャン→この鳴き声は猫です。モーモー→"}
        ]
    )
    print(completion["choices"][0]["message"]["content"])

    この鳴き声は牛です。
```

　出力結果を確認すると、出力例として指定したフォーマットに沿って「この鳴き声は牛です」というような回答を得ることができています。

　次に、翻訳や要約の指示をやってみます。Wikipediaの概要を記載した文章を与えて、翻訳や要約をさせるとともに、フォーマットを指定して出力結果を調整できるか試してみましょう。

```
completion = openai.ChatCompletion.create(
  model="gpt-3.5-turbo",
  temperature=0,
  messages=[
    {"role": "system", "content": "あなたはプロの翻訳家です。"},
    {"role": "user", "content": """
    次の<文章>を日本語に翻訳して要約した内容を200文字程度で教えてください。なお要約結果は
<フォーマット>の形式で回答してください。
    ###フォーマット
    -概要：（要約結果を簡潔に書く）
    -要点1：（ポイントを書く）
    -要点2：（ポイントを書く）
    -要点3：（ポイントを書く）
    ###文章
    -Wikipedia is an online encyclopedia written and maintained by a communit
y of volunteers, known as Wikipedians, through open collaboration and using a
wiki-based editing system called MediaWiki. Wikipedia is the largest and
most-read reference work in history, and has consistently been one of the 10
```

```
most popular websites.Created by Jimmy Wales and Larry Sanger on January 15,
2001, it is hosted by the Wikimedia Foundation, an American non-profit organi
zation.Initially available only in English, versions in other languages were
quickly developed. Wikipedia's combined editions comprise more than 61 millio
n articles, attracting around 2 billion unique device visits per month and mo
re than 15 million edits per month (about 5.7 edits per second on average) as
of January 2023.Wikipedia has been praised for its enablement of the democrat
ization of knowledge, extent of coverage, unique structure, culture, and redu
ced degree of commercial bias. It has been criticized for exhibiting systemic
bias, particularly gender bias against women and ideological bias.While the r
eliability of Wikipedia was frequently criticized in the 2000s, it has improv
ed over time, receiving greater praise in the late 2010s and early 2020s,havi
ng become an important fact-checking site. It has been censored by world gove
rnments, ranging from specific pages to the entire site.Articles on breaking
news are often accessed as a source of frequently updated information about t
hose events."""}

    ]

)
print(completion["choices"][0]["message"]["content"])
```

❤翻訳と要約の指示

```
completion = openai.ChatCompletion.create(
    model="gpt-3.5-turbo",
    temperature=0,
    messages=[
        {"role": "system", "content": "あなたはプロの翻訳家です。"},
        {"role": "user", "content": """
次の＜文章＞を日本語に翻訳して要約した内容を200文字程度で教えてください。なお要約結果は＜フォーマット＞の形式で回答してください。
#### フォーマット
-概要：（要約結果を簡潔に書く）
-要点1：（ポイントを書く）
-要点2：（ポイントを書く）
-要点3：（ポイントを書く）
#### 文章
-Wikipedia is an online encyclopedia written and maintained by a community of volunteers, known as Wikipedians, through open collaboration and using a wiki-based
    ]
)
print(completion["choices"][0]["message"]["content"])
```

-概要：Wikipediaは、ボランティアのコミュニティであるWikipediansによって書かれ、管理されているオンライン百科事典であり、オープンな協力とMediaWikiと呼ばれるウィキベース
-要点1：Wikipediaは、2001年1月15日にJimmy WalesとLarry Sangerによって作成され、アメリカの非営利団体であるウィキメディア財団によってホストされています。
-要点2：最初は英語のみで利用可能でしたが、他の言語のバージョンもすぐに開発されました。Wikipediaの総合版は、6100万以上の記事で構成され、月間20億以上のユニークデバイス
-要点3：Wikipediaは、知識の民主化、カバレッジの範囲、ユニークな構造、文化、商業的なバイアスの低減など、その能力が称賛されていますが、女性に対するジェンダーバイアスや

　出力例をみると、なかなかの精度で翻訳するとともに、要約した出力結果が得られたことが分かります。なお、翻訳のような長い文章を入力や出力する場合は最大トークン数を超えないよう、分割して入力するなど、留意する必要があります。

　また、スピーチの文案を作成することも可能です。次のようにどのような目的のスピーチを作成したいのかを指示することで文案を回答してくれます。

```
completion = openai.ChatCompletion.create(
  model="gpt-3.5-turbo",
  temperature=0,
  messages=[
    {"role": "user", "content": "DXプロジェクトのキックオフにおけるチームリーダーの挨
拶案を300文字程度で作成して"}
  ]
)
print(completion["choices"][0]["message"]["content"])
```

● スピーチの文案作成

いかがでしょうか。プロンプトを工夫することで様々なタスクに対応可能なことが分かりますね。アプリ編ではこのプロンプトのmessageの一部を画面から色々と可変させることで様々な要件に対応できるようにしています。では、最後に、留意点も押さえておきましょう。

API単体で利用する場合の留意点を押さえよう

GPT3.5などをAPIとして単体で利用する場合は、現時点において幾つか留意する点があります。理解した上で実装できるよう、代表的なポイントを解説していきます。なお、API単体では不足している点を補完する機能を備えたLangChainなどのライブラリが公開されていますので、それらの適用も検討するといいでしょう。

まずは、入力した情報を引き継いで回答を得たい場合です。Web画面で公開されている一般的なChatGPTでは、入力した内容を引き継いで回答をしてくれ

ますが、APIの場合はリクエストごとに独立しており、情報が引き継がれるような
ことはありません。実際に試してみましょう。

まず、入力として名前を入れながら挨拶をします。

```
completion = openai.ChatCompletion.create(
    model="gpt-3.5-turbo",
    temperature=0,
    messages=[
        {"role": "user", "content": "こんにちは。私の名前はマイクです。"},  # 1つ目
の質問
        ]
)
print(completion["choices"][0]["message"]["content"])
```

●1つ目の質問

```
[22] completion = openai.ChatCompletion.create(
        model="gpt-3.5-turbo",
        temperature=0,
        messages=[
            {"role": "user", "content": "こんにちは。私の名前はマイクです。"},  # 1つ目の質問
            ]
    )
    print(completion["choices"][0]["message"]["content"])

    こんにちは、マイクさん。どのようにお手伝いできますか?
```

続いて、もう一度「私の名前は分かりますか?」と入力してみます。

```
completion = openai.ChatCompletion.create(
    model="gpt-3.5-turbo",
    temperature=0,
    messages=[
        {"role": "user", "content": "私の名前が分かりますか?"},  # 2つ目の質問
        ]
)
print(completion["choices"][0]["message"]["content"])
```

◐1つ目の質問

```
[23]  completion = openai.ChatCompletion.create(
          model="gpt-3.5-turbo",
          temperature=0,
          messages=[
              {"role": "user", "content": "私の名前が分かりますか？"},  # 2つ目の質問
              ]
      )
      print(completion["choices"][0]["message"]["content"])

      いいえ、私はあなたの名前を知りません。
```

　出力結果を見ると、先ほど名前を入力したにも関わらず名前が分からないと回答されてしまいます。このように入力や出力情報はAPIリクエストごとに独立しており引き継がれないことを留意しましょう。もし引き継ぎたい場合は、次のようにmessagesに過去の入出力の情報も含めて入力してあげる必要があります。

```
completion = openai.ChatCompletion.create(
  model="gpt-3.5-turbo",
  temperature=0,
  messages=[
        {"role": "user", "content": "こんにちは。私の名前はマイクです。"}, # 1つ目
の質問
        {"role": "assistant", "content": "こんにちは、マイクさん。どのようにお手伝い
できますか？"}, # 1つ目の質問の回答
        {"role": "user", "content": "私の名前が分かりますか？"}# 2つ目の質問
        ]
)
print(completion["choices"][0]["message"]["content"])
```

◐対話を引き継ぐ方法

```
completion = openai.ChatCompletion.create(
    model="gpt-3.5-turbo",
    temperature=0,
    messages=[
        {"role": "user", "content": "こんにちは。私の名前はマイクです。"}, # 1つ目の質問
        {"role": "assistant", "content": "こんにちは、マイクさん。どのようにお手伝いできますか？"}, # 1つ目の質問の回答
        {"role": "user", "content": "私の名前が分かりますか？"}# 2つ目の質問
        ]
    )
    print(completion["choices"][0]["message"]["content"])

    はい、先ほどおっしゃった通り、あなたの名前はマイクさんですよ。
```

　出力結果を見ると、名前を回答してくれました。なお、上記のように回答を引き継ぐ場合は過去の入出力も含めて入力するため、徐々に入力のトークン数が増加することになりますので、その点は留意する必要があります。

　次の留意点は学習したデータ以外に関する回答（最新のニュースなど）についてです。
　前述しました通り、現時点のGPT3.5などは2021年9月までの情報で学習されたモデルであるため、それ以降の情報について質問しても適切な回答を得ることができません。また、例えば社内ルールなど一般公開されていない独自情報についても学習していないため回答を得ることができません。実際に学習データ以降のニュースについて問い合わせてみましょう。

```
completion = openai.ChatCompletion.create(
  model="gpt-3.5-turbo",
  temperature=0,
  messages=[
    {"role": "user", "content": "最新のニュースを教えて"}
  ]
)
print(completion["choices"][0]["message"]["content"])
```

❤最新のニュース

```
completion = openai.ChatCompletion.create(
  model="gpt-3.5-turbo",
  temperature=0,
  messages=[
    ["role", "user", "content": "最新のニュースを教えて"]
  ]
)

print(completion["choices"][0]["message"]["content"])
```
申し訳ありませんが、私はAIであり、最新のニュースを提供することはできません。ニュースを知りたい場合は、信頼できるニュースソースやニュースアプリを利用することをおすすめします。

　出力例のように回答を得ることができませんでした。これらの点は機能アップデートにより将来的には解消されていくと思われますが、現時点においてはAPI単体としては実装されていない機能のため必要に応じて実装で補完する必要があります。前述のようにAPI単体では不足している点を補完する機能を備えたLangChainなどのライブラリが公開されていますので、それらの適用も検討する

といいでしょう。

　いかがでしょうか。これで解説は終了です。プロンプトの組み方やパラメータなどによって回答が大きく変化するし、それに応じてタスクもコントロールすることが可能なのを実感できたのではないでしょうか。GPTなどの大規模言語モデルはまだまだこれから発展していく分野です。最新情報をウォッチしながら、どんどん理解を深めていくと良いでしょう。

　これで、OpenAIのGPTを活用した6章は終了です。5章までとは異なりAPIを活用してきましたが、APIであってもIPOの概念の上では使い方を大きくは変わらず、むしろより簡単に使用できることが実感できたのではないでしょう。有料のAPIを利用することは、お金がかかるデメリットはもちろんありますが、十分すぎるくらいの機能を提供してくれます。その際には、料金体系をしっかり押さえつつ、業務に活用していくと良いでしょう。ハッキリ言うとこのレベルのAIを自分で作るよりも圧倒的にコストパフォーマンスは良いのが現状です。業務での活用方法をイメージができたら、どのくらい使用するかを考えて、料金と相談して進めていきましょう。効果的に活用できると非常に強い武器になります。

　最後に繰り返しになりますが、アプリを大量に回すと無償期間が終わってしまう点と、くれぐれもAPI KeyおよびAPI Keyが書かれているプログラムを公開しないようにする点には注意してください。API Keyが怖いようでしたら、「6_GPT_app.py」や「6_OpenAIのGPTの理解.ipynb」に書いてあるAPI Keyは削除しておきましょう。

　さて、本書も残すところ1章となりました。最後は、OpenAIのAPIでも画像を生成する機能を使用して、画像生成アプリを簡単に作成してみましょう。AIと一緒に創作する体験をしてみましょう。

OpenAIの画像生成AIを
活用したアプリを
作ってみよう

6章からAPI編に入りOpenAI社のAPIを活用したアプリを作成し、テキスト生成AIである GPT の威力を存分に感じていただけたのではないでしょうか。また、1から5章まで扱ったオープンソースの技術たちと比較しても、非常に短いプログラムで実現できていることに驚きます。それもすべてAPIという仕組みの中で、IPO がはっきりしている恩恵でもあります。

さて、本章では、引き続き OpenAI 社の API を用いて DALL・E という画像生成 AI を扱っていきます。生成系 AI といえば、ChatGPTに代表されるようなテキスト生成技術と、Midjourney などのツールで注目を浴びている画像生成技術に大別できます。どちらも基本的には、Input はテキストとしつつも、Output が異なり、6章で扱った GPT などのテキスト生成技術はテキストを出力し、本章で扱う画像生成は画像を出力します。

本書を通じて繰り返しになりますが、重要なのは IPO を押さえることで AI は業務で活用できるようになります。7章でも IPO を押さえつつ簡単なアプリを作成していきましょう。根本的には、6章と大きくは変わらないので、料金など一部の注意点のみ触れますがあまり細かい説明はしません。画像生成は画像を創り出すという創作活動の1つなので、軽い気持ちで楽しみながらやっていきましょう。

Section 7-1 画像を生成するアプリを作成しよう

　それではアプリを作成していきますが、6章で行ったOpenAIのAPIを使用するための準備は済んでいる前提で話を進めます。また、6章では注意点なども書いてあるので、もし本章からやられた方は、6章の序盤を必ず読んでから進めてください。

　最初に画像生成や料金などに関する説明を簡単に行ったあとに、アプリを作成していきます。

OpenAIの画像生成に関する基本知識を押さえよう

　本章で扱う画像生成は、6章と同じくOpenAI社が提供しているAPIを使用します。6章の中で少し触れましたが、OpenAI社はDALL・Eという自然言語から画像を生成するモデルも開発しており、APIとして提供されています。

　言語から画像を生成する画像生成AIは、他にもStable DiffusionやMidjourneyなどが有名です。その名の通り、文字でどういった絵を描きたいのかを指定することで、かなりクオリティの高い絵を生み出してくれます。これはクリエイターの心強いパートナーになると期待できますが、それにとどまらず、ビジネスパーソンにとっても有益です。例えば資料作りでフリー素材を探さずにサッと作成することもできるようになります。実際、資料なども作成できるグラフィックデザインツールのCanvaというソフトも、資料やチラシ作成の素材作りで生成AI機能が使えるようになっています。このように大きく働き方が変わっていく可能性を秘めています。

　一方で、モラルや著作権の問題には注意が必要とされています。Stable DiffusionやMidjourneyの前にはGoogleの「Imagen」なども注目されていましたが、世の中の影響を考慮して公開が見送られたりしています。

　世の中への影響とは、実在する有名人に似せた画面を生成させてフェイクニュースにするなどの画像を悪用するケースが増えることへの懸念です。つまり、新しい技術の敵は悪い人間なのです。しかしそんな論争を引き起こすくらい精度

も高く、さらに言語で入力できるという手軽さが民主化を後押ししていますが、モラルには気を付けて使用しましょう。

　また、著作権の侵害にも気をつける必要があります。生成AIの法律はまさに今整いつつあるので、しっかり最新情報を押さえる必要があります。ただ、当たり前のことですが、有名な漫画や絵画に似せることができます。しかし、自分がAI使って作ったからといって、狙って似た絵画を作成し販売したら、差し止めだけではなく損害賠償などのリスクもはらんでいます。また、商用利用に関しては、使うサービスによって決まっているケースもあるので、サービスの利用規約を確認するのが重要です。

　では、最後に料金について確認しておきましょう。今回は、OpenAI社のImage modelsは、2023年8月時点で下記の料金体系になっています。

解像度	料金
1024×1024	$0.020 / image
512×512	$0.018 / image
256×256	$0.016 / image

　料金については、1枚当たりの金額になっていて、写真の解像度が大きいほど金額は高くなってきます。写真を作るのに試行錯誤で何枚も作ることが多いですが、画像を作れば作るほど料金は増えていくので頭にいれておきましょう。

画像を生成してくれるアプリを作成しよう

　では、まずはGPTを活用して画像を生成してくれるアプリを作成していきます。このアプリは、要望を伝えると画像を示してくれるアプリになります。6章と同様、画像生成の指示として1つのテキストボックスは必須です。さらに、生成する画像枚数を指定するための数字入力も追加しましょう。

　まずはこれまでと同様に、streamlitを動かしてから、アプリを開発していきます。
　Google Driveにアクセスして7章のフォルダに入っている「7_run_streamlit.

ipynb」をダブルクリックして起動しましょう。

　もうお馴染みの処理になっているかと思いますが、必要なライブラリをインストールして、Google Driveへの接続、3つ目でstreamlitのプログラムを書くファイルを表示して、最後にstreamlitを起動しています。

　それでは順番に実行していきましょう。

◉セルの実行

　表示されたURLにアクセスして、streamlitの画面を開きましょう。まずは「your url is:」にあるURLをクリックします。続いて画面が表示されたら、「External URL：」に書いてあるアドレスを入力し、Click to Submitを押します。

　では、テキストボックスと数字入力用のボックスを配置していきましょう。また、GPTの時と同様に画像生成でもAPIが実行されるたびに料金がかかるので、必ず実行ボタンが押されるのを起点にAPIが実行されるようにボタンを配置しておきましょう。数字入力は一番最初の掛け算アプリで使いましたが、st.number_inputです。

```
01: import streamlit as st
02:
03: # Input
04: input_text = st.text_input('指示入力')
```

```
05: create_num = st.sidebar.number_input('生成枚数',value=1,step=1)
06:
07: # Process
08: if st.button('実行'):
09:
10: # Output
11:     st.write(input_text)
12:
```

●テキストボックス・数字入力・ボタンの配置プログラム

```
7_ImageGeneration_app.py  ×                              ...
1 import streamlit as st
2
3 # Input
4 input_text = st.text_input('指示入力')
5 create_num = st.sidebar.number_input('生成枚数',value=1,step=1)
6
7 # Process
8 if st.button('実行'):
9
10 # Output
11   st.write(input_text)
12
```

　これまでやってきたので大丈夫ですね。4行目でテキストボックスの入力機能、6行目でサイドバーとして数字入力を作成し、8行目でボタンによる実行機能を作成しています。最後に、ボタンが押されたら出力が表示されます。なお、数字入力に関しては、デフォルトの数字を1設定しており、step=1で設定することで+/-の増減幅が1ずつになります。

　ではやってみましょう。指示入力には「これはテストです」を指定して実行します。

� テキストボックスおよびボタンの配置プログラムの実行結果

　起動すると、6章と同じようにテキストボックスがあるのと同時に、サイドバーに生成枚数が指定できるようになっています。メインではなくサイドバーにしたのは、生成枚数の指定に関しては必須ではないので、サイドバーに配置しています。

　では、いよいよOpenAIによる画像生成機能の実装です。これまでと同様に細かい解説は後半でやるので、まずは動かしてみましょう。

```
01: import streamlit as st
02: import os
03: import openai
04: import base64
05: from PIL import Image
06: from io import BytesIO
07:
08: os.environ["OPENAI_API_KEY"] = "<ご自身のAPIキーを入力>"
09: openai.api_key = os.getenv("OPENAI_API_KEY")
10:
11:
12: # Input
13: input_text = st.text_input('指示入力')
14: create_num = st.sidebar.number_input('生成枚数',value=1,step=1)
15:
16: # Process
17: if st.button('実行'):
18:
19:     image = openai.Image.create(
```

```
20:     prompt=input_text,
21:     size="256x256",
22:     n=create_num,
23:     response_format="b64_json"
24:   )
25:
26: # Output
27:   for data in image["data"]:
28:       img = base64.b64decode(data["b64_json"])
29:       img = Image.open(BytesIO(img))
30:       st.image(img)
31:
```

●画像生成プログラム

```python
7_ImageGeneration_app.py ×

1 import streamlit as st
2 import os
3 import openai
4 import base64
5 from PIL import Image
6 from io import BytesIO
7
8 os.environ["OPENAI_API_KEY"] = 
9 openai.api_key = os.getenv("OPENAI_API_KEY")
10
11
12 # Input
13 input_text = st.text_input('指示入力')
14 create_num = st.sidebar.number_input('生成枚数', value=1, step=1)
15
16 # Process
17 if st.button('実行'):
18
19    image = openai.Image.create(
20      prompt=input_text,
21      size="256x256",
22      n=create_num,
23      response_format="b64_json"
24    )
25
26 # Output
27    for data in image["data"]:
28      img = base64.b64decode(data["b64_json"])
29      img = Image.open(BytesIO(img))
30      st.image(img)
31
```

少し多いですが、1から6行目で必要なライブラリをインポートしています。その後、8行目、9行目でAPI Key（secret key）を入力します。この辺は6章のGPTとまったく同じですね。「"」の間に6章でも使用してきたAPI Key（secret key）を転記します。重要なので6章と繰り返しになりますが、くれぐれもAPI Key（secret key）が記載されている状態でGoogle Driveにあるプログラムを公開しないようにしてください。

OpenAIのAPIを使用している部分は19行目から24行目のブロックです。いかがでしょうか。6章とほぼ同じ形式であることに気づきますね。APIは、細かいパラメータの指定方法の違いはあるものの、ほぼ同じ記述の仕方で利用することができます。結果は、b64形式という形式で受け取るので、27行目以降でプログラムで使用できるように、画像をデコードして、PILという画像ライブラリで受け取り、st.image()で出力しています。for文があったりして少し複雑に見えるのですが、複数枚生成した場合に1つずつ取り出して表示しているに過ぎません。

では、使ってみましょう。ここでは、「虹と湖の風景」という言葉を入力し、実行してみます。まずは、生成枚数は「1」に設定して、1枚だけ画像生成してみましょう。

●画像生成プログラムの実行結果①

いかがでしょうか。書籍と生成されている絵は異なるかと思いますが、湖や虹が写った画像が生成されているのが分かります。これは、どこかの写真を引っ張ってきたのではなく、あくまでも画像を1から生成しています。AIはここまできたのかと少し感動しますね。せっかく複数枚数にも対応させたので、テストも兼ねて3枚作成してみましょう。指示は「山と桜とお茶畑の風景」にしてみます。

●画像生成プログラムの実行結果②

　いかがでしょうか。下にスクロールしていくと3枚の画像が生成できているのが分かります。これで複数枚の作成も可能なアプリになっているのが確認できました。いろいろと試してみてほしいのですが、料金には注意してください。6章でもお話しましたがOpenAIのWeb画面のUsageページで使用料が確認できるので気になる方は確認しながら試してみましょう。

　さて、せっかくここまでできたので、ダウンロード機能を作成しましょう。ダウンロードは、複数枚に対応させる必要があるので少しだけ注意が必要です。ダウンロード機能はOutputですね。IPOの意識は忘れずに進めましょう。

```
01: import streamlit as st
02: import os
03: import openai
```

```
04: import base64
05: from PIL import Image
06: from io import BytesIO, BufferedReader
07:
08: os.environ["OPENAI_API_KEY"] = "＜ご自身のAPIキーを入力＞"
09: openai.api_key = os.getenv("OPENAI_API_KEY")
10:
11:
12: # Input
13: input_text = st.text_input('指示入力')
14: create_num = st.sidebar.number_input('生成枚数',value=1,step=1)
15:
16: # Process
17: if st.button('実行'):
18:
19:     image = openai.Image.create(
20:         prompt=input_text,
21:         size="256x256",
22:         n=create_num,
23:         response_format="b64_json"
24:     )
25:
26: # Output
27:     uq_num = 1
28:     for data in image["data"]:
29:         img = base64.b64decode(data["b64_json"])
30:         byte_img = BytesIO(img)
31:         img = Image.open(byte_img)
32:         st.image(img)
33:
34:         BufferedReader_img = BufferedReader(byte_img)
35:         st.download_button(label='ダウンロード',data=BufferedReader_img,
36:                            file_name="output.png",mime="image/png",key=uq_num)
37:         uq_num += 1
38:
```

◉ダウンロード機能のプログラム

```python
7_ImageGeneration_app.py ×
1  import streamlit as st
2  import os
3  import openai
4  import base64
5  from PIL import Image
6  from io import BytesIO, BufferedReader
7
8  os.environ["OPENAI_API_KEY"] = ████████████████
9  openai.api_key = os.getenv("OPENAI_API_KEY")
10
11
12 # Input
13 input_text = st.text_input('指示入力')
14 create_num = st.sidebar.number_input('生成枚数', value=1, step=1)
15
16 # Process
17 if st.button('実行'):
18
19   image = openai.Image.create(
20     prompt=input_text,
21     size="256x256",
22     n=create_num,
23     response_format="b64_json"
24   )
25
26 # Output
27   uq_num = 1
28   for data in image["data"]:
29     img = base64.b64decode(data["b64_json"])
30     byte_img = BytesIO(img)
31     img = Image.open(byte_img)
32     st.image(img)
33
34     BufferedReader_img = BufferedReader(byte_img)
35     st.download_button(label='ダウンロード', data=BufferedReader_img,
36                        file_name="output.png", mime="image/png", key=uq_num)
37     uq_num += 1
38
```

　今回はOutput機能なので変更点は、27行目以降になります。27行目はダウンロードボタンを識別できるようにユニークナンバーを振っています。生成する枚数に応じて番号が増えていきます。3枚であれば1、2、3がそれぞれ振られます。30行目はこれまでBytesIOの処理をそのまま31行目のImage.Openに流し込んでいたのを、ダウンロード部分でも使用するために変数の定義を追加しています。34行目からがダウンロード機能の実装で、これまでとほぼ同じですが、keyを追加しダウンロードボタンを識別しています。最後に37行目で数字を1つ足し

て次の画像に備えています。

　では実際に試してみましょう。今回は、複数の画像に対応できるかどうかの確認も兼ねて、2枚生成します。指示は「山と桜とお茶畑の風景」という指示をして実行してみます。

⚫️ダウンロード機能のプログラムの実行結果

　今回も書籍の絵と皆さんの手元の実行結果は異なるとは思いますが、お茶畑と桜が映えるような風景が生成されています。好きな画像のダウンロードボタンを押して手元にダウンロードしてみましょう。「output.png」という名前でダウンロードされるので、ダブルクリックしてみましょう。

◯ダウンロードの実行

　しっかりとファイルが表示されれば大丈夫です。
　これで最低限ではありますが、自作画像生成アプリを作成できました。では、最後に6章のGPTも組み合わせて動くようにアプリを拡張してみましょう。

GPTと組み合わせたアプリに拡張しよう

　では、いよいよアプリ編の最後の作業になります。OpenAIの画像生成に限らず、生成系AIは英語で指示した方が精度は高くなる傾向にあることが知られています。後半では実際に言語の違いも簡単に見ていきますが、ここではGPTを活用して、日本語を入力にしつつもGPTで英語に変換してから画像生成をするProcessに拡張してみましょう。

　ここで少しIPOを整理しておくと、Inputは生成枚数とAIへの指示（日本語テキスト）で、Processが拡張され、GPTによって日本語から英語に変換し、変換された英語を指示として画像生成を行い出力します。ここまでやられたみなさんはすぐ分かると思いますが、改修する部分はProcessですね。また、日本語から英語への翻訳は6章でもやっています。若干渡すプロンプトを修正して実装しましょう。

```
01: import streamlit as st
02: import os
03: import openai
04: import base64
05: from PIL import Image
06: from io import BytesIO, BufferedReader
07:
08: os.environ["OPENAI_API_KEY"] = "<ご自身のAPIキーを入力>"
09: openai.api_key = os.getenv("OPENAI_API_KEY")
10:
11:
12: # Input
13: input_text = st.text_input('指示入力')
14: create_num = st.sidebar.number_input('生成枚数',value=1,step=1)
15:
16: # Process
17: if st.button('実行'):
18:     completion = openai.ChatCompletion.create(
19:     model="gpt-3.5-turbo",
20:     temperature=0,
```

ction 7-1　画像を生成するアプリを作成しよう

```
21:    messages=[
22:      {"role": "system", "content": "あなたはプロの翻訳家です。次の（文章）を英語
に翻訳してください。"},
23:      {"role": "user", "content": f'{input_text}'}
24:      ]
25:    )
26:    eng_prompt = completion["choices"][0]["message"]["content"]
27:
28:    image = openai.Image.create(
29:      prompt=eng_prompt,
30:      size="256x256",
31:      n=create_num,
32:      response_format="b64_json"
33:    )
34:
35: # Output
36:    uq_num = 1
37:    for data in image["data"]:
38:      img = base64.b64decode(data["b64_json"])
39:      byte_img = BytesIO(img)
40:      img = Image.open(byte_img)
41:      st.image(img)
42:
43:      BufferedReader_img = BufferedReader(byte_img)
44:      st.download_button(label='ダウンロード',data=BufferedReader_img,
45:                         file_name="output.png",mime="image/png",key=uq_num)
46:      uq_num += 1
47:
```

●GPTによる英訳プログラム

```python
7_ImageGeneration_app.py ×                                              •••
1  import streamlit as st
2  import os
3  import openai
4  import base64
5  from PIL import Image
6  from io import BytesIO, BufferedReader
7
8  os.environ["OPENAI_API_KEY"] = ██████████████████████████
9  openai.api_key = os.getenv("OPENAI_API_KEY")
10
11
12 # Input
13 input_text = st.text_input('指示入力')
14 create_num = st.sidebar.number_input('生成枚数', value=1, step=1)
15
16 # Process
17 if st.button('実行'):
18     completion = openai.ChatCompletion.create(
19     model="gpt-3.5-turbo",
20     temperature=0,
21     messages=[
22       {"role": "system", "content": "あなたはプロの翻訳家です。次の（文章）を英語に翻訳してください。"},
23       {"role": "user", "content": f'{input_text}'}
24       ]
25     )
26     eng_prompt = completion["choices"][0]["message"]["content"]
27
28     image = openai.Image.create(
29       prompt=eng_prompt,
30       size="256x256",
31       n=create_num,
32       response_format="b64_json"
33     )
34
35 # Output
36     uq_num = 1
37     for data in image["data"]:
38       img = base64.b64decode(data["b64_json"])
39       byte_img = BytesIO(img)
40       img = Image.open(byte_img)
41       st.image(img)
42
43       BufferedReader_img = BufferedReader(byte_img)
44       st.download_button(label='ダウンロード', data=BufferedReader_img,
45                          file_name="output.png", mime="image/png", key=uq_num)
46       uq_num += 1
47
```

　主な変更点は、18行目から26行目ですね。6章でもやったように、gpt3.5に
英語への変換を依頼しています。6章では要約などもプロンプトで指示していま
したが、今回は不要なので、翻訳のみお願いしています。その結果をeng_
promptとして受け取り、29行目で画像生成に渡しています。必ずここを変更して
ください。変更しないと日本語のまま渡されてしまいます。では、早速実行してみ
ましょう。今回も2枚、指示は「高品質な虹と湖のアニメ風の風景画」です。

🔻GPTによる英訳プログラムの実行結果

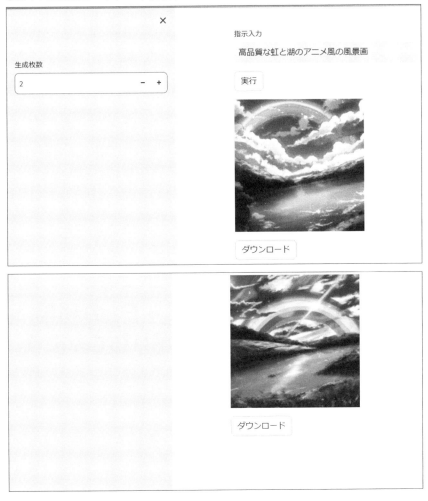

　いかがでしょうか。指示の仕方として、高品質などを加えるとクオリティの高い
ものが出てくることもよく言われています。今回はやりませんでしたが、もし必須
にするのであれば、例えば、あらかじめ「f'{input_text}'」を「f'高品質な
{input_text}'」と仕込んでしまえば、必ず「高品質な」が入って翻訳され画像
生成に流れていきます。これこそがプロンプトエンジニアリングです。

　これで、前半のアプリ編は終了です。IPOを意識しながら進めていけば、AIを

活用したアプリのイメージがどんどん浮かんできませんか。また、6章とも同じような記述で別タスクである画像生成が可能であり、APIの威力を体験できたのではないでしょうか。どんどんAPIは進化していきますが、APIに対してどんなInputを渡し、どんなProcessをやってくれて、どんなOutputが返ってくるのかを押さえれば活用の可能性は無限に広がっていきます。アプリを考える上でもIPOですし、その1つ1つの処理であるAIも小さいIPOとなっており、システムは複数のIPOから構成されています。複雑なシステムになると、IPOの数が増える上に、いろんなレイヤーでIPOが存在しますが、1つ1つ整理して構造化しておけばそんなに難しいことではありません。この体験をもとに、ぜひ他のAPIも自分なりに調べて触ってみてください。そこにはワクワクするような技術の体験が待っているでしょう。

では、後半で画像生成についてGoogle Colaboratoryを使いながら1つ1つ確認していきましょう。

Section 7-2 画像生成（DALL・E）の利用方法について深堀りしてみよう

それではこれまでの章と同様に利用方法について解説を進めていきます。なお、6章と繰り返しになりますが、OpenAIが提供するサービスは今後仕様が変更となる可能性がありますので、最新のAPI仕様を確認したい場合は、公式ホームページのAPIリファレンスを参照するようにしましょう。

◆APIリファレンス
https://platform.openai.com/docs/api-reference

画像生成の基本的な使い方を押さえよう

まずはライブラリのインストールからです。6章とは異なり、今回はGoogle Drive内のデータも使用するのでGoogle Driveへの接続も行います。では7章の「7_OpenAIの画像生成AIの理解.ipynb」を開いてください。開いたら最初のセ

ルを実行しましょう。

```
!pip install openai

# Google Driveと接続を行います。これを行うことで、Driveにあるデータにアクセスできるよう
になります。
# 下記セルを実行すると、Googleアカウントのログインを求められますのでログインしてください。
from google.colab import drive
drive.mount('/content/drive')


# 作業フォルダへの移動を行います。
# もしアップロードした場所が異なる場合は作業場所を変更してください。
import os
os.chdir('/content/drive/MyDrive/ai_app_dev/7章') #ここを変更
```

●GoogleDriveへの接続およびライブラリのインストール

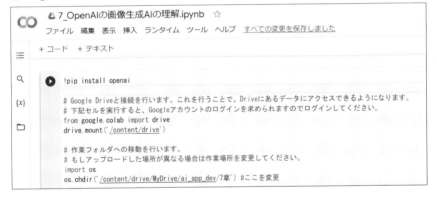

　続いては必要となるパッケージをインポートするとともに、OpenAIのAPI Key
を設定します。＜ご自身のAPIキーを入力＞の欄にこれまで使用してきたAPI
Key（secret key）を設定します。ここまでは6章と同じですね。

```
import os
import openai
os.environ["OPENAI_API_KEY"] = "＜ご自身のAPIキーを入力＞"
openai.api_key = os.getenv("OPENAI_API_KEY")
```

◉API Keyの設定

```
✓ [2]   import os
1         import openai
秒        os.environ["OPENAI_API_KEY"] = ████████████████████████████
         openai.api_key = os.getenv("OPENAI_API_KEY")
```

これで準備が整いました。では、まずは簡単に画像生成してみましょう。

```
image = openai.Image.create(
  prompt="虹と湖の風景",
  size="256x256",
)
print(image["data"][0]["url"])
```

◉画像生成の実行

AIの指示値であるpromptと画像サイズであるsizeだけ指定して実行しています。今回は「虹と湖の風景」という日本語の指示を渡しています。OpenAIの画像生成は、何も指定しないとURLリンクが作られ、クリックすると生成された画像が見られる仕様になっています。

URLをクリックしてみてください。

▼画像生成の実行結果

虹と湖が写っている画像が生成されましたね。

しかし、アプリなどで使用する場合は直接画像を取得できる方が便利です。その場合、b64という形式で取得できるので、Pythonで使える形にして読み込めば画像表示は可能です。やってみましょう。

```python
image = openai.Image.create(
    prompt="虹と湖の風景",
    size="256x256",
    n=1,
    response_format="b64_json"
)

for data in image["data"]:
    img = base64.b64decode(data["b64_json"])
    img = Image.open(BytesIO(img))
    display(img)
```

◯b64指定での画像生成の実行

```
import base64
from PIL import Image
from io import BytesIO

image = openai.Image.create(
  prompt="虹と湖の風景",
  size="256x256",
  n=1,
  response_format="b64_json"
)

for data in image["data"]:
    img = base64.b64decode(data["b64_json"])
    img = Image.open(BytesIO(img))
    display(img)
```

　b64指定は、response_format="b64_json"という指定をすれば取得可能です。アプリ編でもやりましたがb64形式を使用できるようにデコードして、画像系のライブラリであるPILで読み込んでいます。最後に、display(img)で表示しています。今回はPILで読み込みましたが、もちろんOpenCVでも可能です。では、次に複数枚指定をしてみましょう。ここでは3枚生成してみます。簡単ですね。

```
image = openai.Image.create(
  prompt="虹と湖の風景",
  size="256x256",
  n=3,
  response_format="b64_json"
)

for data in image["data"]:
    img = base64.b64decode(data["b64_json"])
    img = Image.open(BytesIO(img))
    display(img)
```

◉画像生成の複数実行

```
image = openai.Image.create(
    prompt="虹と湖の風景",
    size="256x256",
    n=3,
    response_format="b64_json"
)

for data in image["data"]:
    img = base64.b64decode(data["b64_json"])
    img = Image.open(BytesIO(img))
    display(img)
```

　枚数の指定は、n=3のように数字を設定すれば大丈夫です。アプリ編では、数字入力のボックスの値を受け取ってここに代入していました。
　さて、最後に解像度を指定します。これはsizeを指定すれば可能です。ここで

は512×512を指定します。

```
import base64
from PIL import Image
from io import BytesIO

image = openai.Image.create(
    prompt="虹と湖の風景",
    size="512x512",
    n=1,
    response_format="b64_json"
)

for data in image["data"]:
    img = base64.b64decode(data["b64_json"])
    img = Image.open(BytesIO(img))
    display(img)
```

●高解像度の画像生成の実行

```
import base64
from PIL import Image
from io import BytesIO

image = openai.Image.create(
    prompt="虹と湖の風景",
    size="512x512",
    n=1,
    response_format="b64_json"
)

for data in image["data"]:
    img = base64.b64decode(data["b64_json"])
    img = Image.open(BytesIO(img))
    display(img)
```

　解像度の高い画像が生成できましたね。料金のところで述べましたが、解像度が高くなると1枚あたりの金額が上がるので使用には注意してください。256であれば $0.016に対して、512だと $0.018、1024であれば $0.020になります。

　さて、基本的な使い方を押さえたところで、次はアイスブレイクも兼ねて、違う画像生成のやり方を見てみましょう。

画像生成のやり方を変えてみよう

　OpenAIの画像生成にはいくつかやり方が存在します。例えば、既にある画像に対して、この部分だけ変えたいというマスクを作成しその部分のみ生成させる方法や、既にある画像に対してバリエーションを増やすように元画像を参考に似ている画像を生成する方法などです。今回は、元画像を参考にバリエーションを増やす画像生成をやってみましょう。

　今回使用する元画像は下記になります。

◇元画像

では、早速やってみます。端的に言えば、「openai.Image.create」を「openai. Image. create_variation」に変更し、promptの代わりに画像を指定します。

```
image = openai.Image.create_variation(
  image=open("data/img01.png", "rb"),
  n=1,
  size="256x256",
  response_format="b64_json"
)

for data in image["data"]:
    img = base64.b64decode(data["b64_json"])
    img = Image.open(BytesIO(img))
    display(img)
```

● 元画像をもとにした変化版生成①

```
image = openai.Image.create_variation(
    image=open("data/img01.png", "rb"),
    n=1,
    size="256x256",
    response_format="b64_json"
)

for data in image["data"]:
    img = base64.b64decode(data["b64_json"])
    img = Image.open(BytesIO(img))
    display(img)
```

　パラメータの指定は、promptではなくimageを指定している以外はほぼ同じですね。今回は、256×256の画像を1枚生成しています。いかがでしょうか。元画像に似ている画像が生成できていますね。では、せっかくなので「虹と湖の風景」で作成した画像を「output_img.png」として用意してあるので、それで複数枚作成してみましょう。

```
image = openai.Image.create_variation(
    image=open("data/output_img.png", "rb"),
    n=3,
    size="256x256",
    response_format="b64_json"
)


for data in image["data"]:
    img = base64.b64decode(data["b64_json"])
    img = Image.open(BytesIO(img))
    display(img)
```

⬇元画像をもとにした変化版生成②

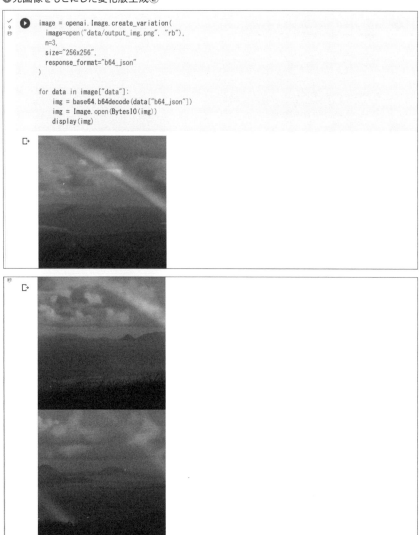

これで、複数枚作成できました。もし、自分の画像でやりたい方は、自分で「data」フォルダにアップして指定すれば試すことも可能です。ぜひ、試してみてください。また、自分でアプリを作ってみるのも良いかもしれませんね。

では、画像生成の違う使い方に簡単に触れたので、最後はプロンプトの入れ方

である言語の違いを確認して終わりにしましょう。

言語の入れ方や種類を工夫してみよう

いよいよ最後になります。最後はプロンプトを英語で入れるとどうなるかを確認していきます。まずは、日本語で入れてみます。これまでよりも少しだけ複雑な感じで、「高品質な虹と湖の水彩画」としています。高品質と水彩画というワードを足しています。3枚作成してみましょう。

```python
image = openai.Image.create(
    prompt="高品質な虹と湖の水彩画",
    size="256x256",
    n=3,
    response_format="b64_json"
)

for data in image["data"]:
    img = base64.b64decode(data["b64_json"])
    img = Image.open(BytesIO(img))
    display(img)
```

●日本語指示での画像生成

　書籍とは結果が異なるとは思いますが、虹と湖を解釈していそうなものの、あまり良いできとは言えないのでしょうか。私の実行結果では、全然違う画像も生成されています。では、英語で入れてみましょう。英語はChatGPTを用いて翻訳しています。「High-quality Rainbow and Lake Watercolor Painting」という指示を与えます。

```python
image = openai.Image.create(
    prompt="High-quality Rainbow and Lake Watercolor Painting",
    size="256x256",
    n=3,
    response_format="b64_json"
)

for data in image["data"]:
    img = base64.b64decode(data["b64_json"])
    img = Image.open(BytesIO(img))
    display(img)
```

● 英語指示での画像生成

```
image = openai.Image.create(
    prompt="High-quality Rainbow and Lake Watercolor Painting",
    size="256x256",
    n=3,
    response_format="b64_json"
)

for data in image["data"]:
    img = base64.b64decode(data["b64_json"])
    img = Image.open(BytesIO(img))
    display(img)
```

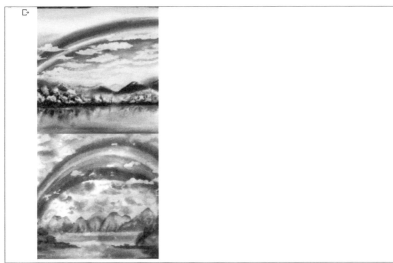

　いかがでしょうか。書籍とは結果は異なるとは思いますが、日本語よりもしっかり虹と湖が解釈されているように思います。私の実行結果では、3枚とも虹と湖が写った画像ができています。やはり日本語よりも英語の方が精度は高いように見えます。

　では、6章でやったGPTで翻訳をしてもらうことにしましょう。「高品質な虹と

湖のアニメ風の風景画」という指示を英語に変換するプロンプトを作成しましょう。やり方は覚えていますか。

```
prompt = '高品質な虹と湖のアニメ風の風景画'
completion = openai.ChatCompletion.create(
  model="gpt-3.5-turbo",
  temperature=0,
  messages=[
    {"role": "system", "content": "あなたはプロの翻訳家です。次の（文章）を英語に翻訳
してください。"},
    {"role": "user", "content": f'{prompt}'}
  ]
)
eng_prompt = completion["choices"][0]["message"]["content"]
print(eng_prompt)
```

◉GPTによる英語翻訳

```
[102] prompt = '高品質な虹と湖のアニメ風の風景画'
      completion = openai.ChatCompletion.create(
        model="gpt-3.5-turbo",
        temperature=0,
        messages=[
          ["role": "system", "content": "あなたはプロの翻訳家です。次の（文章）を英語に翻訳してください。"],
          ["role": "user", "content": f' {prompt}']
        ]
      )
      eng_prompt = completion["choices"][0]["message"]["content"]
      print(eng_prompt)

      A high-quality anime-style landscape painting of a rainbow and a lake.
```

　結果は、「A high-quality anime-style landscape painting of a rainbow and lake.」となっており、英語に翻訳できています。変数としては、eng_promptと定義していますので、それを用いて画像を生成してみましょう。

```
image = openai.Image.create(
  prompt=eng_prompt,
  size="256x256",
  n=3,
  response_format="b64_json"
```

```
)

for data in image["data"]:
    img = base64.b64decode(data["b64_json"])
    img = Image.open(BytesIO(img))
    display(img)
```

◉英語翻訳結果による画像生成

```
image = openai.Image.create(
    prompt=eng_prompt,
    size="256x256",
    n=3,
    response_format="b64_json"
)

for data in image["data"]:
    img = base64.b64decode(data["b64_json"])
    img = Image.open(BytesIO(img))
    display(img)
```

　綺麗なアニメ風の風景が生成されましたね。プログラムとしては、promptの部分をeng_promptに変更しただけです。それにしても精度の高さには驚くばかりですね。このように、GPTを使って英語に翻訳して、それを画像生成に流し込むなどの組み合わせもいろいろ可能になってきているのが実感できたのではないでしょうか。

　これで、解説は終了です。6章のGPTと同様に画像生成AIもどんどん進化しており、APIの仕様や機能はどんどん拡張されていくかと思います。常に最新の情報を、今回のようにGoogle Colaboratoryなどを使用して試してみることで、中身の理解度はグッと上がるでしょう。

　これで、画像生成AIを活用した7章は終了であるとともに、本書はすべて終了です。本当にお疲れ様でした。1から5章ではオープンソースを用いてAIアプリを、6、7章ではAPI編ということで、OpenAI社のGPTや画像生成AIを用いてアプリを作成してきましたね。一貫して、IPOを意識する重要性をお伝えしてきました。AIは無限の可能性を秘めているものの一つの機能に過ぎず、AIが創り出すデータを活用するのは我々人間であるということが、本書を通して感じていただけたのではないでしょうか。今後もAIはどんどん進化して、様々な機能を実現してくれると思います。新しい技術が出てきたときに、AIはどんなInputを必要として、どんなProcessを行ってくれて、どんなOutputを出してくれるのかを押さえることで、技術への理解がぐっと深まります。6章、7章で扱ったGPTや画像生成などの生成系AIはツールも多く出てきており、アプリを作る必要性もあまりないのかもしれません。ただ、自分で作ってみたことで、間違いなくAIへの理解は一歩進んでいるはずです。本書を通じたテクノロジーの体験が皆さんのアイデアの起点になってくれると嬉しいです。

コラム④：
対談「プログラミングを他業種の人が習得する」

エンジニアSさん

色々なところで企業向けセミナーをやらせてもらっているけど、もっとクリエイティブな要素を大事にして欲しいとよく伝えている。すごく単純に「子どもの感覚を取り戻してほしい」ってこと。あとは、何かつくって世の中にだしていくことを考えると、色んな意見を取り入れて人間の集合知にしたいってことがある。だから、今異業種とかバックグラウンドが全然違う人たちと一緒にデータ分析とか技術をやっている気がする。企業研修のプログラミングは目的を定めやすいし、業務とどう結びつくのかという落としどころがあれば、途中で少しアイディアを発散させるようなこと入れても大丈夫。最後綺麗にまとめればいい。
一方で子どもたちに向けた教育ってなると、そもそも目的って？？ってなるよね。

教員Mさん

そうだね。大人として、何を伝えてあげるか。それが、将来社会にどうつながっていくのかも、できれば含めて教えられる教員が理想だと思っている。

エンジニアSさん

企業研修なんかでは、物体検知とか実務につながりそうな内容にしつつ、技術を体験してもらったりしていたりして、それがワクワクするとか、童心にかえる、という感覚があるみたいでウケが良かったりする。それってみんなワクワクしたいってことだし、子どもの頃みんな何かつくってワクワク感じていたってことなんだと思っている。

教員Mさん

そうだね。子どもの方がむしろアイディアは豊かにもっていて、だんだん失われていってしまう部分かな。

エンジニアSさん

僕はプログラミングのいいところはクリエイティブな面だと思うけど、社会的には論理性に傾いている気がする。そういう考え方もあるし、明確な答えは僕の中にもないけど。

でも、ロジカルってもっと後になってからでも身に着けられるのではないかって感じちゃうんだよね。もっとみんな、ワクワクしてほしい。

教員Mさん

確かにそうだよね。今回もちょっとデータ入れるだけでさっとできるのを知って、自分もやってみてとても楽しかった。もっといろんな人が使えればいいと思った。教育だけじゃなくて、どんな職種でも。

おわりに

　如何でしたか？

　IPOを意識しながら、様々なAIを使ってアプリを作ってきましたね。本書で扱った技術はごくごく一部の技術にすぎません。しかし、プログラミングの基本はIPOであり、AIもその一部であることを考えると、どんなデータをInputして、どんなProcessをして、どんなOutputを出してくれるのかが整理できれば、どんなAI技術でも活用することは可能です。是非、本書に限らずいろんな技術に触れてみてください。また、AIの詳しい部分を知りたければ、ここから専門書に進んでいくのも手かもしれません。技術の幅を広げるとともに、深さを持つのも重要です。

　また、本書を終えて、「こういう業務で使ってみたい！」や「こんなのができたら面白いかも」などのアイデアが出てきていませんか。そういったワクワクやアイデア発想の種が生まれる感覚を持ってもらえたらとても嬉しいです。私はそれこそが、テクノロジーを体験する価値だと考えています。システム開発やプログラミングなどは、論理的思考などと一緒に論じられることが多く、私自身も論理的な思考は必要なことだと感じています。一方で、プログラミングやAIを使うことで新しい何かをクリエイトすることができ、そこには論理的だけではなくクリエイティブな領域が存在すると感じています。どう作るかという技術本で学べる一般的な思考だけではなく、どんなものを作りたいのかを妄想して、こういう技術があったらこんなことに使えそうというアイデアを考えるときこそ、最高にワクワクする瞬間であり、何か新しいものを創り出すことに繋がっていくと信じています。

　さて、あなたは技術を活用して、自分自身、身の回りの人たち、自社、そして社会を変えるスタートラインに立ちました。このスタートラインからどう進むかは自分次第です。どんどん新しい技術はでてきますし、今後さらにそのスピードは加速していくでしょう。そんな時に、専門知識が必要とか、前例がないからとか、現状に問題が無いから、などのやらない理由を見つけることは簡単です。でも、本書をやり切ったあなたは、新しい技術を武器に変えて、新しいものを創り出す力を存分に発揮し、道を切り拓いてくれる戦友になってくれると信じています。1歩目のアイデアが出ないのであれば、一緒になってアイデアを考えます。踏み出してみ

たけど上手くいかない場合は、一緒になって悩み解決していきます。新しい火を
灯すことこそがテクノロジーの存在意義だと考えています。ワクワクするようなプ
ロジェクトでご一緒できる日が来るのを楽しみにしています。

　本書の執筆にあたり、多くの方々のご支援をいただきました。佐藤百子さんに
は本書のコラムの企画/ファシリテーションをしていただきました。本書の査閲に
関しては、伊藤壮さんにご協力いただきました。そしてプロジェクトをご一緒して
くださっている皆さまには、現場の声を聞かせていただくとともに、普段から
一緒に考え、作り上げていくことがどれほど有効かということを教わりました。そ
して最後に、本書の出版にあたって、同僚の皆さまやパートナーの皆さまのご尽
力とご家族の皆さまのご理解、ご協力により完成することができました。心より
感謝申し上げます。

Index 索 引

著者略歴

下山 輝昌 (しもやま てるまさ)

日本電気株式会社 (NEC) の中央研究所にてデバイスの研究開発に従事した後、独立。機械学習を活用したデータ分析やダッシュボードデザイン等に裾野を広げ、データ分析コンサルタント/AIエンジニアとして幅広く案件に携わる。2021年にはテクノロジーとビジネスの橋渡しを行い、クライアントと一体となってビジネスを創出する株式会社Iroribiを創業。技術の幅の広さからくる効果的なデジタル技術の導入/活用に強みを持ちつつ、クライアントの新規事業やDX/AIプロジェクトを推進している。共著「Python 実践データ分析100本ノック」「Python実践 データ分析入門 キホンの5つの型」「BIツールを使った データ分析のポイント」(秀和システム)など。

黒木 賢一 (くろき けんいち)

NTTデータで、データ活用による経営課題解決の取り組みに長年従事した後、三井住友海上火災保険のデータサイエンスチームで上席スペシャリストとして分析コンサルティング業務やデータサイエンティスト育成を担当。2023年からは生成AI専門チームであるAIインフィニティラボで生成AIに関する技術調査・活用も推進。NTTデータでは2015年からTableauを用いた経営ダッシュボード基盤構築・普及展開や、機械学習を用いた各種兆候検知モデル構築、People Analytics 等の分析プロジェクトに従事。共著『BIツールを使った データ分析のポイント』『Tableau データ分析〜実践から活用まで〜』(秀和システム)。データサイエンティスト協会スキル定義委員会メンバー。

宮澤 慎太郎 (みやざわ しんたろう)

現職教員。小学校から高校のすべての年代に加えて特別支援学校でも教員経験を持つ。全ての校種において教育に携わった経験やスポーツをしていた経験をもとにした多角的な視点から教育という分野を考えている。最近では、スポーツ教育やプログラミング教育を中心に、社会で必要とされるスキルを子供にどう伝えるかという観点で教育を研究している。

本書サポートページ

・ **秀和システムのウェブサイト**
 https://www.shuwasystem.co.jp/

・ **本書ウェブページ**
 本書の学習用サンプルデータなどをダウンロード提供しています。
 https://www.shuwasystem.co.jp/support/7980html/7090.html

Python × API で動かして学ぶ
AI 活用プログラミング

発行日	2023年 11月 6日	第1版第1刷

著　者　下山　輝昌／黒木　賢一／宮澤　慎太郎

発行者　斉藤　和邦
発行所　株式会社　秀和システム
　　　　〒135-0016
　　　　東京都江東区東陽2-4-2　新宮ビル2F
　　　　Tel 03-6264-3105（販売）Fax 03-6264-3094
印刷所　三松堂印刷株式会社　　　　　　Printed in Japan

ISBN978-4-7980-7090-2 C3055